中3数学をひとつひとつわかりやすく。

京華中学・高等学校教諭
永見 利幸 監修

Gakken

05 $(x+a)(x-a)$ の展開は？

1章 多項式の計算　　　乗法公式④

残る乗法公式は1つです。次の式を展開してみましょう。

問題1　$(x+a)(x-a)$

乗法公式①を使って展開すると，

$$(x+a)(x-a) = x^2 + \{(\quad) + (\quad)\}x + (\quad) \times (\quad)$$

$$= x^2 + 0 \times x \quad a^2$$

↑符号は？　　xの項が消えた！

$$=$$

これが**乗法公式④**です。

乗法公式④
$$(x+a)(x-a) = x^2 - a^2$$
和 と 差 の積　2乗の差

では，次の式を展開してみましょう。

問題2　(1) $(x+5)(x-5)$　　(2) $(8+a)(8-a)$

(1) 乗法公式④に $a=5$ をあてはめると，

$$(x+5)(x-5) = \boxed{}^2 - \boxed{}^2 =$$

(2) （数＋文字）（数－文字）の形でも展開のしかたは(1)と同じです。

$$(8+a)(8-a) = \boxed{}^2 - \boxed{}^2 =$$

ステップアップ

ちょっとくふうして

$(x+2)(2-x)$ の展開のしかたを考えてみましょう。
基本の公式を使って，次のように展開できますね。

$$(x+2)(2-x) = 2x - x^2 + 4 - 2x = -x^2 + 4$$

でも，次のようにひとくふうすると，乗法公式④が使えますよ。

たし算は入れかえO.K.
$$(x+2)(2-x) = (2+x)(2-x) = 2^2 - x^2 = 4 - x^2$$
　　　　　　　　　　$\underbrace{}_{(x+a)(x-a)}$

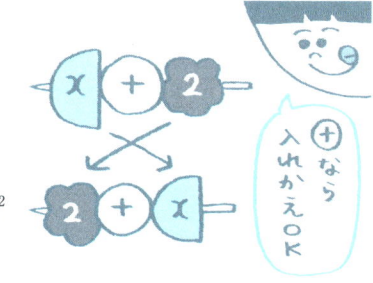

＋なら入れかえOK

<乗法公式②,③>
$(x+a)^2 = x^2 + 2ax + a^2$　　$(x-a)^2 = x^2 - 2ax + a^2$
　　　　　　　　↑　　↑　　　　　　　　　　　　↑
　　　　　　　　2倍　2乗　　　　　　　　　　　負の符号

基本練習　→答えは別冊2ページ

次の式を展開しましょう。

(1)　$(x+3)^2$

(2)　$(a+8)^2$

(3)　$(y-5)^2$

(4)　$(x-7)^2$

(5)　$\left(a+\dfrac{1}{2}\right)^2$

(6)　$(4-x)^2$

<左ページの問題の答え>
問題1　$x^2 + (a+a)x + a \times a = x^2 + 2ax + a^2$
問題2　(1)　$x^2 + 2 \times 4 \times x + 4^2 = x^2 + 8x + 16$
　　　　(2)　$x^2 - 2 \times 6 \times x + 6^2 = x^2 - 12x + 36$

公式が公式を生む！

10ページでは、公式$(a+b)(c+d) = ac+ad+bc+bd$を使って、
$(x+a)(x+b) = x^2 + (a+b)x + ab$ …乗法公式①をつくることができましたね。
そして、さらにここでは、
　乗法公式①から、$(x+a)^2 = x^2 + 2ax + a^2$ … 乗法公式②
　乗法公式②から、$(x-a)^2 = x^2 - 2ax + a^2$ … 乗法公式③
をつくりました。
このように、ひとつの公式から次から次へと新しい公式が生まれていくのです。

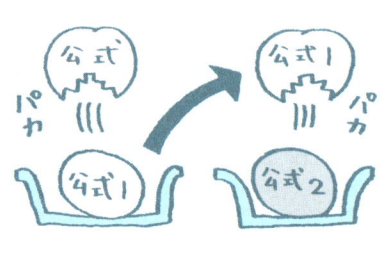

ステップアップ

04 $(x+a)^2$ の展開は？

1章 多項式の計算　　　　乗法公式②，③

多項式の2乗の形の式の展開のしかたを考えます。次の式を展開してみましょう。

問題1　$(x+a)^2$

$(x+a)^2$ を $(x+a)(x+a)$ として，**乗法公式①を使って展開**すると，

$$(x+a)^2 = (x+a)(x+a)$$
$$= x^2 + (\boxed{} + \boxed{})x + \boxed{} \times \boxed{}$$
　　　　　　　　和　　　　　　　積
$$= x^2 + \boxed{}x + \boxed{}$$

これを**乗法公式②**とします。
では，$(x-a)^2$ の展開はどうなるでしょうか。
乗法公式②の a に $-a$ を代入すると，

$$(x-a)^2 = x^2 + 2 \times (-a) \times x + (-a)^2$$
$$= x^2 - 2ax + a^2$$

これで**乗法公式③**もできましたね。
それでは，次の式を展開してみましょう。

> **乗法公式②**
> $(x+a)^2 = x^2 + 2ax + a^2$
> 　　　　　　　2倍　　2乗
>
> **乗法公式③**
> $(x-a)^2 = x^2 - 2ax + a^2$

問題2　(1) $(x+4)^2$　　(2) $(x-6)^2$

(1) $(x+4)^2 = x^2 + 2 \times \boxed{} \times x + \boxed{}^2 = x^2 + \boxed{}x + \boxed{}$　　←乗法公式②に $a=4$ をあてはめる。

(2) $(x-6)^2 = x^2 - 2 \times \boxed{} \times x + \boxed{}^2 = \boxed{}$　　←乗法公式③に $a=6$ をあてはめる。
　　　　　　↑
　　　ここの符号に注意

平方とは？

2乗のことを **平方（へいほう）** といいます。そこで，
乗法公式②を **和の平方の公式**，
乗法公式③を **差の平方の公式**
ということもあります。
また，この2つの公式をまとめて，
$$(x \pm a)^2 = x^2 \pm 2ax + a^2$$
と表すこともあります。

$(x+a)^2 = x^2 + 2ax + a^2$
　　　　和の平方

$(x-a)^2 = x^2 - 2ax + a^2$
　　　　差の平方

<乗法公式①>

$(x+a)(x+b) = x^2 + (a+b)x + ab$

　　　　　　　　　↑　　　　↑
　　　　　xの係数→和　数の項→積

例　$(x+3)(x+5) = x^2 + (3+5)x + 3\times 5$
　　　　　　　　$= x^2 + 8x + 15$

基本練習　→答えは別冊2ページ

次の式を展開しましょう。

(1) $(x+2)(x+3)$

(2) $(x+6)(x-4)$

(3) $(a-8)(a+5)$

(4) $(y-1)(y-7)$

(5) $(x+9)(x-10)$

(6) $(b-7)(b-8)$

<左ページの問題の答え>
問題1　$x^2 + bx + ax + ab = x^2 + (a+b)x + ab$
問題2　(1)　$x^2 + (2+5)x + 2\times 5 = x^2 + 7x + 10$
　　　　(2)　$a^2 + \{3+(-4)\}a + 3\times(-4) = a^2 - a - 12$

和と積の符号

$(x+a)(x+b)$ を展開した式の x の係数や数の項の符号は，次のようになります。

$(x+a)(x+b)$ の形 → $x^2 + ●x + ■$　　例　$(x+3)(x+4) = x^2 + 7x + 12$

$(x-a)(x-b)$ の形 → $x^2 - ●x + ■$　　例　$(x-3)(x-4) = x^2 - 7x + 12$

$(x+a)(x-b)$ の形 → $\begin{cases} a>b \text{ならば，} x^2 + ●x - ■ & \text{例　} (x+3)(x-2) = x^2 + x - 6 \\ a<b \text{ならば，} x^2 - ●x - ■ & \text{例　} (x+3)(x-4) = x^2 - x - 12 \end{cases}$

式の符号で展開した式の符号も決まってくるよ

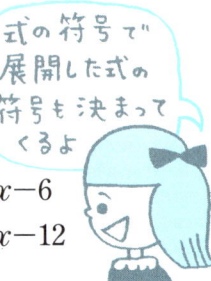

ステップアップ

03 $(x+a)(x+b)$ の展開は？

1章 多項式の計算　　　乗法公式①

公式 $(a+b)(c+d)=ac+ad+bc+bd$ を使って，次の式を展開してみましょう。

問題1　$(x+a)(x+b)$

①から④の順にかけ合わせて，同類項をまとめます。

$$(x+a)(x+b)=x^2+\boxed{}+\boxed{}+ab=x^2+()x+ab$$

これが，4つある展開の公式…**乗法公式**の1つです。

それでは，乗法公式①を使って，次の式を展開してみましょう。

乗法公式①
$$(x+a)(x+b)=x^2+(a+b)x+ab$$
　　　　　　　　　　和　　　積

問題2　(1) $(x+2)(x+5)$　　(2) $(a+3)(a-4)$

(1) 乗法公式①で，$a=2$，$b=5$ の場合だから，

$$(x+2)(x+5)=x^2+(+)x+\times=x^2+x+$$
　　　　　　　　　　　↑　　　　　↑
　　　　　　　　　　　和　　　　　積

(2) $(a+3)(a-4)=a^2+\{+()\}a+\times()$
　　　　　　　　　　　　　　↑
　　　　　　　　　　負の数はかっこをつける

　　$=$

図で表すと？

右の長方形で，乗法公式①を考えてみましょう。
この長方形の面積を，2通りに表します。
- 縦×横 で表すと，$(x+a)(x+b)$ … 乗法公式①の左辺
- 小さな4つの長方形の面積の和とみると，
  $x^2+ax+bx+ab=x^2+(a+b)x+ab$ … 乗法公式①の右辺

どちらも同じ長方形の面積を表しているので，
$(x+a)(x+b)=x^2+(a+b)x+ab$ となります。

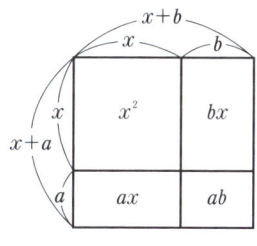

<多項式×多項式>

公式$(a+b)(c+d)=ac+ad+bc+bd$を使って展開します。
展開した結果，同類項があるときは，それらをまとめます。

$$(a+b)(c+d)=\overset{①}{ac}+\overset{②}{ad}+\overset{③}{bc}+\overset{④}{bd}$$

基本練習

➔答えは別冊2ページ

次の式を展開しましょう。

(1)　$(a-b)(c-d)$　　(2)　$(x+4)(y+5)$

(3)　$(a+3)(b-7)$　　(4)　$(x+1)(x+7)$

(5)　$(2x-1)(x-2)$　　(6)　$(a-b)(3a+2b)$

<左ページの問題の答え>

問題1　(1)　$ac+ad+bc+bd$

(2)　$xy-3x+2y-6$

(3)　$2a^2+8a+a+4=2a^2+9a+4$

項が3つあるときの展開

例　$(a+2)(a+b-3)$　　$a+b-3$をひとまとまりとみる。

$=\underset{①}{a(a+b-3)}+\underset{②}{2(a+b-3)}$　　分配法則を使って展開する。

$=a^2+ab-3a+2a+2b-6$　　同類項をまとめる。

$=a^2+ab-a+2b-6$

ステップアップ

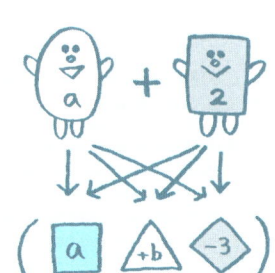

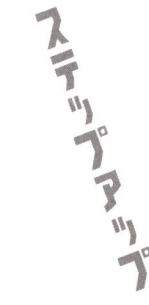

02 多項式どうしのかけ算

1章 多項式の計算　　式の展開

単項式と多項式，または，多項式どうしのかけ算を，かっこをはずして**単項式だけのたし算の形で表すこと**を，もとの式を**展開する**といいます。

では，次の式を展開してみましょう。

問題1 (1) $(a+b)(c+d)$　(2) $(x+2)(y-3)$　(3) $(2a+1)(a+4)$

(1) $c+d$ を1つのものとみて，これをMとすると，

$$(a+b)(c+d) = (a+b)M$$
$$= aM + bM$$
$$= a(c+d) + b(c+d)$$
$$= \boxed{} + \boxed{} + \boxed{} + \boxed{}$$

Mとおく。　分配法則を利用する。　Mを$c+d$にもどす。　さらに分配法則を利用する。

このように，$(a+b)(c+d)$の展開は，右のようになります。

$$(a+b)(c+d) = ac + ad + bc + bd$$

(2) 次の①から④の順にかけ合わせていきます。

$$(x+2)(y-3) = xy - \boxed{} + \boxed{} - \boxed{}$$

← 積の符号に注意
$(+)\times(+)\to(+)$
$(+)\times(-)\to(-)$

(3) 展開した単項式に**同類項**があるときは，それらを計算してまとめます。

$$(2a+1)(a+4) = 2a^2 + \boxed{} + \boxed{} + 4 = 2a^2 + \boxed{} + 4$$

同類項はまとめる。

ステップアップ

まとめられるのは同類項だけ！

文字の部分が同じである項を **同類項** といいましたね。

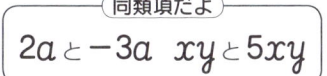
（同類項だよ）$2a$ と $-3a$　xy と $5xy$

（同類項じゃないよ）ab と $4bc$　$3x^2$ と $-6x$

展開した結果，同類項が見つかったら，それらをまとめます。

例 $4x^2y - 8xy^2 + 5xy^2 - 2x^2y = 2x^2y - 3xy^2$

<多項式と単項式の乗法・除法>

乗法…分配法則を使って，単項式を多項式の各項にかけます。
除法…逆数を使って，除法を乗法に直し，あとは乗法と同じように計算します。

基本練習 →答えは別冊2ページ

次の計算をしましょう。

(1) $5a(b+2)$

(2) $-2x(4x-3y)$

(3) $(4x+5y)\times(-7y)$

(4) $\dfrac{1}{3}a(6a-9b)$

(5) $(6a^2+4a)\div 2a$

(6) $(3x^2-15xy)\div(-3x)$

(7) $(8a^2+6ab)\div \dfrac{2}{3}a$

<左ページの問題の答え>
$8a+12b$
問題1　$4a\times 2a+4a\times 3b=8a^2+12ab$
問題2　$(9a^2-6ab)\times\dfrac{1}{3a}=\dfrac{9a^2}{3a}-\dfrac{6ab}{3a}=3a-2b$

約分は仲間どうしで！

(多項式)÷(単項式)の計算では，約分できるときは，係数どうし，文字どうしを約分します。
問題2 の計算で，約分のしかたを確かめておきましょう。

$$(9a^2-6ab)\div 3a=(9a^2-6ab)\times\dfrac{1}{3a}=\dfrac{9a^2}{3a}-\dfrac{6ab}{3a}=\dfrac{\overset{3}{\cancel{9}}\times\overset{1}{\cancel{a}}\times a}{\underset{1}{\cancel{3}}\times\underset{1}{\cancel{a}}}-\dfrac{\overset{2}{\cancel{6}}\times\overset{1}{\cancel{a}}\times b}{\underset{1}{\cancel{3}}\times\underset{1}{\cancel{a}}}=3a-2b$$

ステップアップ

01 多項式と単項式のかけ算とわり算

1章 多項式の計算　　多項式と単項式の乗除

数×多項式 の計算では，分配法則を使って，次のように計算しましたね。

$$4(2a+3b)=4\times 2a+4\times 3b=$$

分配法則
$$a(b+c)=ab+ac$$

では，単項式×多項式 の計算をしてみましょう。

問題1　$4a(2a+3b)$

数×多項式 の計算と同じように，分配法則を使って，**単項式をかっこの中のすべての項にかけます**。

$$4a(2a+3b)=4a\times \boxed{}+4a\times \boxed{}=$$

次は，多項式÷単項式 の計算のしかたを考えてみましょう。

問題2　$(9a^2-6ab)\div 3a$

わり算は，**逆数を使ってかけ算に直せます**。かけ算に直して計算すると，

$$(9a^2-6ab)\div 3a=(9a^2-6ab)\times \boxed{}=\frac{9a^2}{}-\frac{6ab}{}=$$

（$3a$の逆数をかける）　　↑約分　↑約分

ステップアップ：単項式の逆数は？

単項式の逆数も，数の逆数と同じように考えてつくることができます。

- $3a$の逆数は？　　$3a=\dfrac{3a}{1}\ \rightarrow\ \dfrac{1}{3a}$

このように，単項**式**でも**逆式**とはよばずに**逆数**といいます。
また，係数が分数の単項式の逆数は，次のように考えてつくります。

- $\dfrac{2}{3}a$の逆数は？　　$\dfrac{2}{3}a=\dfrac{2a}{3}\ \rightarrow\ \dfrac{3}{2a}$

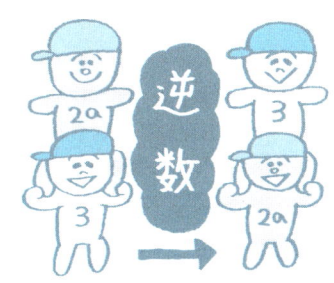

第 5 章　図形の性質

31　相似とは？
相似な図形 ……………………… 076

32　三角形が相似になるためには
三角形の相似条件 ……………… 078

33　三角形の相似を証明しよう
三角形の相似の証明 …………… 080

34　平行線と比
平行線と線分の比 ……………… 082

35　中点連結定理とは？
中点連結定理 …………………… 084

相似な図形の面積の比 ………………… 086
相似な立体の体積の比 ………………… 088

36　三平方の定理とは？
三平方の定理 …………………… 090

37　直角三角形になるためには
三平方の定理の逆 ……………… 092

38　平面図形と三平方の定理
平面図形への利用 ……………… 094

39　空間図形と三平方の定理
空間図形への利用 ……………… 096

円周角の定理 …………………………… 098
復習テスト
　　第 5 章　図形の性質 …………… 100
調査のしかたを考えよう！ ………… 102

- 1回分の学習は1見開き（2ページ）です。毎日少しずつ学習を進めましょう。
  - 左ページ … 書き込み式の解説ページです。
  - 右ページ … 書き込み式の練習問題です。左ページで学習した内容を確認・定着します。
- ステップアップコーナーでは，数学の勉強に役立つ情報がわかりやすく楽しく紹介されています。
- 章ごとに，これまでに学習した内容を確認するための「復習テスト」があります。
- 「基本練習」と「復習テスト」の解答は別冊にあります。

・勉強する内容の要点です。

① 読みながら穴埋めして，要点をまとめましょう。

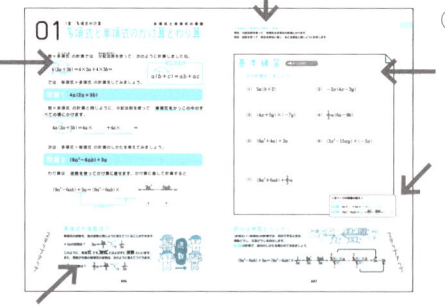

② 書き込みながら，問題を解きましょう。
わからないときは，左ページに戻って考えてみましょう。

・左ページの答えはココです。

・楽しく役立つ情報満載です。
　時間があるときに，ぜひ読んでみてください。

③ 別冊解答は，問題に答えを刷り込んであるので，とても見やすくなっています。
　間違えた問題は解説をよく読んでやりなおし，確実にできるようにしておきましょう。

もくじ

第1章　多項式の計算

- 01　多項式と単項式のかけ算とわり算
  多項式と単項式の乗除 …… 006
- 02　多項式どうしのかけ算
  式の展開 …… 008
- 03　$(x+a)(x+b)$の展開は？
  乗法公式① …… 010
- 04　$(x+a)^2$の展開は？
  乗法公式②, ③ …… 012
- 05　$(x+a)(x-a)$の展開は？
  乗法公式④ …… 014
- 06　乗法公式を使って
  いろいろな式の展開 …… 016
- 07　素因数分解とは？
  素因数分解 …… 018
- 08　因数分解とは？
  因数分解と共通因数 …… 020
- 09　公式を使って因数分解しよう(1)
  因数分解の公式① …… 022
- 10　公式を使って因数分解しよう(2)
  因数分解の公式②, ③, ④ …… 024
- 11　式を使って説明しよう
  式の計算の利用 …… 026
- 　復習テスト
  第1章　多項式の計算 …… 028

第2章　平方根

- 12　平方根とは？
  平方根 …… 030
- 13　平方根の大小比べ
  平方根の大小 …… 032
- 14　根号がついた数のかけ算とわり算
  根号がついた数の乗除 …… 034
- 15　根号がついた数の変形
  根号がついた数の変形 …… 036
- 16　分母に根号がある数の変形
  分母に根号をふくまない形に …… 038
- 17　根号がついた数のたし算とひき算
  根号がついた数の加減 …… 040
- 18　いろいろな計算
  分配法則と乗法公式の利用 …… 042
- 　復習テスト
  第2章　平方根 …… 044

第3章　2次方程式

- 19　2次方程式とは？
  2次方程式 …… 046
- 20　2次方程式の解き方①
  2次方程式の解き方① …… 048
- 21　2次方程式の解き方②
  2次方程式の解き方② …… 050
- 22　2次方程式の解の公式とは？
  2次方程式の解の公式 …… 052
- 23　いろいろな方程式を解こう
  いろいろな方程式 …… 054
- 24　文章題を解こう
  2次方程式の応用 …… 056
- 　復習テスト
  第3章　2次方程式 …… 058

第4章　関数 $y=ax^2$

- 25　2乗に比例する関数とは？
  yがxの2乗に比例する関数 …… 060
- 26　式を求めよう
  関数$y=ax^2$の式の求め方 …… 062
- 27　グラフをかこう
  関数$y=ax^2$のグラフ① …… 064
- 28　グラフからよみとろう
  関数$y=ax^2$のグラフ② …… 066
- 29　変域を求めよう
  関数$y=ax^2$の変域 …… 068
- 30　変化の割合を求めよう
  変化の割合 …… 070
- 　放物線と直線 …… 072
- 　復習テスト
  第4章　関数$y=ax^2$ …… 074

先生から，みなさんへ

　中学校の生徒たちの
「数学が途中からわからなくなってしまった。」という声や，
「僕は数学的な思考力がないから…。」とか，
「新しい記号，公式が覚えきれない。数学はやっぱり難しいや。」
と困っている声をよく耳にします。みなさんは，いかがでしょうか。

　もし，このように思っている人がいたとしたら，心配はいりません。この本を使って学習をしていけば，基本的な事項をしっかりと覚えて理解ができ，問題が解けるようになり，自然と思考力がついていきます。ひとつ，ひとつ，ていねいに説明してありますから，途中でわからなくなることもありません。みなさんの「なぜ？」という疑問にも親切に答えてくれて，中1，中2ではわかりづらかった部分もだんだんと理解が進み，公式も意味があるものとして理解することができるようになるでしょう。

　さて，みなさんは，これまでに数学で多くのことを学んできました。3年生では，1，2年生で学んだことを土台に興味のある内容を学んでいきます。
　たとえば，面積が $4\,\text{cm}^2$ の正方形の1辺の長さは $2\,\text{cm}$ ですが，面積が $5\,\text{cm}^2$ のとき，1辺の長さは何 cm になるのかを考えたり，また，何気なく描いている直角三角形の3つの辺の長さの間にある不思議な関係を学習したりします。

　数学は英語で Mathematics といい，その語源はギリシア語で「学ばれるべきもの」という意味です。さあ，みなさん，この本を開けて学んでみましょう。きっと，君たちを楽しい数学の世界に案内してくれて，問題が解けるように導いてくれます。たくさんの楽しいことがらを，この本で，学んでみてください。そして，わかる喜びを原動力にして，数学を学ぶことを楽しんでください。

監修　永見　利幸

07 素因数分解とは？

1章 多項式の計算　　　　　　　　　素因数分解

2の約数は1と2，3の約数は1と3，5の約数は1と5ですね。このように，**1とその数自身のほかに約数をもたない自然数を素数**といいます。ただし，**1は素数には入れません**ので，素数は小さいほうから順に，2，3，5，7，…となります。

問題1　10から20までの数で素数を答えましょう。

小さいほうから順に，　□，□，□，□　です。

右のように，整数をいくつかの整数のかけ算の形で表したとき，その1つ1つの数をもとの数の**因数**といい，素数である因数を**素因数**といいます。

そして，**自然数を素因数のかけ算の形で表すことを，その数を素因数分解する**といいます。

$$30 = 6 \times 5$$
$$30 = 2 \times 3 \times 5 \leftarrow 素因数分解$$
（6=2×3と表せるから）
30の因数／30の素因数

問題2　30を素因数分解しましょう。

❶ わりきれる素数で順にわっていきます。

❷ 商が素数になったらやめます。

$$\begin{array}{r} 2\,)\,\underline{30} \\ \,\square \\ \,\square \end{array}$$

←30÷2の答えを書く。
←15÷3の答えを書く。

❸ わった数と商を積の形で表します。　　30＝□×□×□

ステップアップ　わっていく素数の順は？

30は，2でも3でも5でもわりきれます。だから，30を素因数分解するときは，右のような順でわっていくこともできます。
しかし，素因数分解するときは，**できるだけ小さい素数で順に** わっていきましょう。
たとえば，素因数分解する数が **偶数ならば**，まず，**2でわります**。

$$\begin{array}{r} 3\,)\,30 \\ 2\,)\,10 \\ 5 \end{array} \quad \begin{array}{r} 5\,)\,30 \\ 3\,)\,6 \\ 2 \end{array}$$

<いろいろな式の展開>
・式の中の同じ部分をひとまとまりとみて，乗法公式を利用します。
・四則の混じった式の計算…乗法の部分を乗法公式を使って展開し，同類項をまとめます。

① $(x+a)(x+b)=x^2+(a+b)x+ab$
② $(x+a)^2=x^2+2ax+a^2$
③ $(x-a)^2=x^2-2ax+a^2$
④ $(x+a)(x-a)=x^2-a^2$

基本練習　→答えは別冊3ページ

次の式を計算しましょう。

(1) $(3x-2)(3x+4)$

(2) $(5a+2b)^2$

(3) $(-x+7y)(-x-7y)$

(4) $(4a-b)(4a-5b)$

(5) $(x+3)(x-3)+(x+4)^2$

(6) $(x-5)^2-(x-3)(x-8)$

<左ページの問題の答え>
問題1　(1) $(2x)^2+\{3+(-5)\}\times 2x+3\times(-5)=4x^2-4x-15$
　　　　(2) $(3a)^2-2\times 4b\times 3a+(4b)^2=9a^2-24ab+16b^2$
問題2　$x^2+2x+1-(x^2-4)=x^2+2x+1-x^2+4=2x+5$

－（　）は注意して！

＋（　）は，かっこをそのままはずせばよいですが，－（　）は，かっこをはずすと，（　）の中のすべての項の符号が変わります。とくに，（　）の中のうしろの項の符号を変え忘れるミスが多いので，十分注意しましょう。

例　$-(x-3)(x-8)=-(x^2-11x+24)$

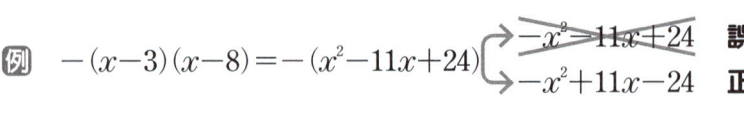

06 乗法公式を使って

1章 多項式の計算　　いろいろな式の展開

式の中の同じ部分をひとまとまりとみて，乗法公式を使って展開しましょう。
どの乗用公式を利用できるか，見きわめることがポイントですよ。

問題1　(1) $(2x+3)(2x-5)$　　(2) $(3a-4b)^2$

(1) $2x$をひとまとまりとみる。
$(x+a)(x+b)$の形
→乗法公式1で展開

$(2x+3)(2x-5) = (\quad)^2 + \{3+(-5)\} \times \quad + 3\times(-5)$

$= \quad$

(2) $3a, 4b$をひとまとまりとみる。
$(x-a)^2$の形
→乗法公式3で展開

$(3a-4b)^2 = (\quad)^2 - 2 \times \quad \times \quad + (\quad)^2$

$= \quad$

次は，ちょっと複雑な式の計算です。式をよ～く見てみましょう。
どこかに乗法公式が使える部分がかくれていませんか？

問題2　$(x+1)^2 - (x+2)(x-2)$

$(x+a)^2 = x^2+2ax+a^2$
$(x+a)(x-a) = x^2-a^2$
展開した式は( )でくくっておく。

$(x+1)^2 - (x+2)(x-2) = \quad - (\quad)$

$= \quad - \quad = \quad$

符号の変化に注意して( )をはずす。　　同類項をまとめて簡単にする。

ステップアップ

ひく多項式は( )でくくろう！

問題2 の $-(x+2)(x-2)$ のように，展開する式の前に－の符号があるときは，展開した式を( )でくくっておきます。
かっこでくくっておかないと，次のような符号のミスをしてしまいますよ。

例　$-(x+2)(x-2)$　→ $-x^2 × 4$　　誤
　　　　　　　　　→ $-(x^2-4) = -x^2 ⊕ 4$　　正

かっこをつけてミスをふせごう！

<乗法公式④>

$(x+a)(x-a) = x^2 - a^2$ ← 負の符号

例 $(x+3)(x-3) = x^2 - 3^2 = x^2 - 9$

基本練習 → 答えは別冊3ページ

次の式を展開しましょう。

(1) $(x+4)(x-4)$

(2) $(a+7)(a-7)$

(3) $(6+y)(6-y)$

(4) $(x-9)(x+9)$

(5) $\left(x+\dfrac{1}{3}\right)\left(x-\dfrac{1}{3}\right)$

(6) $\left(a+\dfrac{2}{5}\right)\left(a-\dfrac{2}{5}\right)$

<左ページの問題の答え>
問題1 $x^2 + \{a+(-a)\}x + a\times(-a) = x^2 + 0\times x - a^2 = x^2 - a^2$
問題2 (1) $x^2 - 5^2 = x^2 - 25$
(2) $8^2 - a^2 = 64 - a^2$

乗法公式を忘れたら？

もし，公式を忘れてしまったら……。
あわてない，あわてない！
多項式どうしの基本の展開

$(a+b)(c+d) = ac + ad + bc + bd$

に立ちもどってみましょう。
これさえ知っていれば，式の展開もできますし，公式もつくれますね。

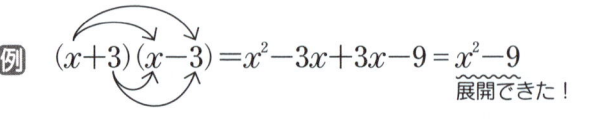

例 $(x+3)(x-3) = x^2 - 3x + 3x - 9 = x^2 - 9$
展開できた！

例 $(x+a)(x-a) = x^2 - ax + ax - a^2 = x^2 - a^2$
公式もつくれた！

ステップアップ

＜素因数分解のしかた＞
❶ わりきれる素数で順にわっていきます。
❷ 商が素数になったらやめます。
❸ わった数と商を積の形で表します。

例 30を素因数分解すると，
30＝2×3×5

2) 30
3) 15
　　　5

基本練習　→答えは別冊3ページ

□にあてはまる数を書いて，次の数を素因数分解しましょう。

(1)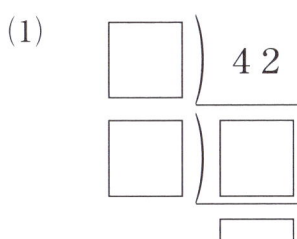

42＝□×□×□

(2)

90＝□×□^{2}×□

次の数を素因数分解しましょう。

(1) 36

(2) 250

＜左ページの問題の答え＞
問題1　11，13，17，19
問題2　2) 30
　　　　3) 15
　　　　　　5
　　　　30＝2×3×5

素因数分解した式はシンプルに！

72を素因数分解すると，72＝2×2×2×3×3 となります。
2が3つ，3が2つかけ合わされていますね。
このように，同じ数が2つ以上かけ合わされているときは，
累乗の指数を使って，

　　$72 = 2^3 \times 3^2$

と表します。
式がシンプルになって見やすくなりましたね。

2) 72
2) 36
2) 18
3) 9
　　 3

まとめてシンプルに！

before　after

ステップアップ

08 因数分解とは？

1章 多項式の計算　　　因数分解と共通因数

多項式をいくつかの式の積の形で表すことを，もとの多項式を**因数分解する**といいます。これは，右のように，展開と反対の方向に式を変形することなのです。
では，次の式を因数分解してみましょう。

$$a(b+c) = ab+ac$$
展開 → ／ ← 因数分解

問題1
(1) $ma+mb$　　　(2) $x^2+xy-2x$

(1) はじめに，基本となる因数分解のしかたを考えていきます。
　まず，多項式をよく見て，それぞれの項に共通な**因数**があるかどうか調べます。
　共通な因数を「共通因数」ともいいます。

そして，**共通な因数があるときは，その因数をくくり出します。**

$$ma+mb = \boxed{} \times a + \boxed{} \times b$$
$$= \boxed{}(a+b)$$

共通因数をくくり出す。

因数とは？
1つの式がいくつかの式の積の形で表せるとき，そのかけ合わされている1つ1つの式をもとの式の因数といいます。
例 $ab+ac = a(b+c)$
より，$ab+ac$ の因数は，
$a,\ b+c$

(2) 共通な因数は $\boxed{}$ ですね。

$$x^2+xy-2x = \boxed{} \times x + \boxed{} \times y - \boxed{} \times 2 = \boxed{}(x+y-2)$$

共通因数をくくり出す。

ステップアップ

式の因数について

単項式の因数は？
$3xy$ は，$3\times x \times y$ と表すことができます。これより，$3,\ x,\ y$ は $3xy$ の因数です。
また，$3xy$ は，$3x\times y,\ 3y\times x,\ 3\times xy$ と表すこともできるので，$3x,\ 3y,\ xy$ も因数になります。

多項式の因数は？
$(x+1)(x+2) = x^2+3x+2$ より，多項式 x^2+3x+2 は，2つの多項式 $x+1$ と $x+2$ の積の形で表すことができます。これより，$x+1,\ x+2$ は x^2+3x+2 の因数になります。

<共通因数をくくり出す>

まず，多項式の各項をよく見て，それぞれの項に共通な因数があるかどうか調べます。多項式の各項に共通な因数があるときは，その共通因数をくくり出します。

例　$ma+mb+mc=m(a+b+c)$

基本練習　→答えは別冊3ページ

次の式を因数分解しましょう。

(1) $ax+bx$

(2) $3x-9y$

(3) $ax+ay-az$

(4) $y^2-5xy-y$

(5) x^2y+xy^2

(6) $2a^2+4ab-6a$

<左ページの問題の答え>
問題1　(1) $m×a+m×b=m(a+b)$
　　　　(2) 共通な因数は x，$x×x+x×y-x×2=x(x+y-2)$

共通因数を見落とすな！

多項式 $6a^2b+9ab^2+12abc$ の共通因数はどれでしょうか？
まず，数の部分の共通因数は，6，9，12の最大公約数の3ですね。
次は，文字の部分に目を向けましょう。文字の部分の共通因数はa，さらにbもありますね。

まとめると，**共通因数は$3ab$** になります。
$6a^2b+9ab^2+12abc$ を因数分解するときは，これらすべての共通因数をくくり出し，$3ab(2a+3b+4c)$ とします。

ステップアップ

09 公式を使って因数分解しよう(1)

1章 多項式の計算　　因数分解の公式①

右の式は10ページで学習した乗法公式①です。
この式を，展開とは逆に ← 方向に見ると，因数分解になりますね。
これより，$x^2+(a+b)x+ab$ の因数分解の公式は，右のようになります。

$$\xrightarrow{\text{展開}}$$
$$(x+a)(x+b) = x^2+(a+b)x+ab$$
因数分解

因数分解の公式①
$$x^2+(a+b)x+ab = (x+a)(x+b)$$

では，次の式を因数分解しましょう。

問題 1
(1) x^2+6x+8 　　(2) x^2-5x+6

(1) x^2+6x+8 と公式①を比べてみましょう。
たして6，かけて8となる2数の組を見つければいいですね。
まず，かけて8になる2数の組をさがすと，右のように4組あります。

$$x^2 + \;\;6\;\;x + 8$$
$$x^2 + (a+b)x + ab$$

このうち，たして6になるものは，□ と □

よって，$x^2+6x+8 = (x+\boxed{})(x+\boxed{})$

かけて8	たして6
1 と 8	×
−1 と −8	×
2 と 4	○
−2 と −4	×

(2) まず，かけて □ になる2数の組を見つけます。

このうち，たして−5になるものは，□ と □

よって，$x^2-5x+6 = (x-\boxed{})(x-\boxed{})$

かけて6	たして−5
1 と 6	×
−1 と □	×
2 と □	×
−2 と □	○

どっちが先？

たとえば，問題1の(1)で，「たして6」になる2数の組を先に求めると，右の表のように，たくさんありますね。
一般に，「かけて●」になる2数の組から先に求めていくほうが効率的ですよ。

たして6	
1 と 5
2 と 4
3 と 3
4 と 2
⋮

<因数分解の公式①>

$x^2+(a+b)x+ab=(x+a)(x+b)$

例 $x^2+2x-8=(x-2)(x+4)$

たして2
かけて-8

基本練習 → 答えは別冊4ページ

次の式を因数分解しましょう。

(1) x^2+5x+4

(2) $x^2+3x-10$

(3) $x^2-7x+12$

(4) $x^2-4x-21$

<左ページの問題の答え>
問題1 (1) 2と4, $(x+2)(x+4)$
(2) かけて6, 表…(上から順に)−6, 3, −3
−2と−3, $(x-2)(x-3)$

積の符号で2数の符号は決まる！

$x^2+(a+b)x+ab$ の因数分解では，まず，**数の項の符号**に注目！

正の符号ならば，2数 a と b の符号は同符号になるから，

$a→(+), b→(+)$ または $a→(-), b→(-)$

負の符号ならば，2数 a と b の符号は異符号になるから，

$a→(+), b→(-)$ または $a→(-), b→(+)$

10 公式を使って因数分解しよう(2)

1章 多項式の計算　　因数分解の公式②，③，④

前のページで学習したように，**因数分解の公式は乗法公式の左辺と右辺を入れかえたもの**になります。

乗法公式②，③，④を思い出しながら，因数分解の公式をつくってみましょう。

因数分解の公式②　$x^2+2ax+a^2=$ ＿＿＿　← 12ページの乗法公式②を思い出そう。

因数分解の公式③　$x^2-2ax+a^2=$ ＿＿＿　← 12ページの乗法公式③を思い出そう。

因数分解の公式④　$x^2-a^2=$ ＿＿＿　← 14ページの乗法公式④を思い出そう。

これらの公式を使って，次の式を因数分解してみましょう。

問題1　(1) x^2+6x+9　　(2) x^2-36

(1) 数の項の9は3の ☐ 乗で，xの係数の6は3の ☐ 倍になっていますね。

だから，**因数分解の公式②**を使って，

$$x^2+6x+9=x^2+2\times \boxed{}\times x+\boxed{}^2=\left(x+\boxed{}\right)^2$$

（↑3の2倍、3の2乗）

(2) 数の項の36は ☐ の2乗で，xの項がありませんね。

だから，**因数分解の公式④**を使って，

$$x^2-36=x^2-\boxed{}^2=$$

ステップアップ

どの公式が使えるかな？

因数分解の問題では，式を見て，どの公式が使えるかピン！とひらめくことが大切です。
コツは，$x^2+●x+■$ の形の式ならば，まず，■に着目！
■がある数を2乗した数になっていたら，
公式②，③を考えましょう。
■がある数を2乗した数でなかったら，
公式①を考えましょう。

<因数分解の公式②, ③, ④>

$x^2+2ax+a^2=(x+a)^2$ $x^2-2ax+a^2=(x-a)^2$ $x^2-a^2=(x+a)(x-a)$

▶ x の係数の半分の2乗が定数項 → $(x\pm a)^2$ に因数分解

基本練習 → 答えは別冊4ページ

次の式を因数分解しましょう。

(1) $x^2+10x+25$

(2) x^2-4x+4

(3) x^2-9

(4) $a^2-18a+81$

(5) $49-y^2$

(6) $x^2+x+\dfrac{1}{4}$

<左ページの問題の答え>
（上から順に） $(x+a)^2$, $(x-a)^2$, $(x+a)(x-a)$
問題1 (1) 2乗, 2倍, $x^2+2\times 3\times x+3^2=(x+3)^2$
(2) 6, $x^2-6^2=(x+6)(x-6)$

くくり出してから公式！

因数分解の公式に慣れてくると，すぐに公式にあてはめようとしがちです。
でも，ちょっとまって！ 因数分解の基本は，共通因数をくくり出すことでしたね。

例 $3x^2+9x-30=3(x^2+3x-10)$ ←共通因数3をくくり出す。

このままでは公式
は使えません。

因数分解の公式①が使える。

$=3(x-2)(x+5)$

このように，**まず共通因数をくくり出してから，さらに公式を使って因数分解**します。

STOP!
共通因数を
くくり
出してから

ステップアップ

11 式を使って説明しよう

1章 多項式の計算　　式の計算の利用

まず，復習をかねて，いろいろな整数を文字 m, n を使って表してみましょう。

連続する3つの整数は， n ，　□　，　□　（いちばん小さい整数を n とする。）

偶数は　□　（m を使って表すと），奇数は　□　+1（n を使って表すと）　　3の倍数は　□　（m を使って表すと），5の倍数は　□　（n を使って表すと）

> **問題1** 連続する2つの奇数で，大きいほうの奇数の2乗から小さいほうの奇数の2乗をひいた差は8の倍数になることを証明しましょう。

たとえば，連続する2つの奇数を5，7とすると，$7^2 - 5^2 = 49 - 25 = 24$ で，24は8の倍数になりますね。

まず，連続する2つの奇数を，文字 n を使って表してみましょう。

（証明）小さいほうの奇数を　□　+1（n は整数）とすると，大きいほうの奇数は　□　（小さいほうの奇数より2大きい数）だから，

$$(2n+3)^2 - (\ □\ )^2 = 4n^2+12n+9 - (\ □\ )$$
（$(2n)^2 + 2\times 3 \times 2n + 3^2$）

$$= \ □\ n + \ □\ $$ ←（符号に注意して（ ）をはずし，同類項をまとめる。）

$$= \ □\ (\ □\ )$$ ←（共通因数でくくって，因数分解する。）

$n+1$ は整数だから，$8(n+1)$ は　□　の倍数である。

したがって，連続する2つの奇数で，大きいほうの奇数の2乗から小さいほうの奇数の2乗をひいた差は8の倍数になる。

結論の式をイメージ！

数の性質を証明する問題では，はじめに，**証明すること（結論）の式をイメージ**しましょう。

問題1 では，「8の倍数になる」ことを証明しますね。

だから，**8の倍数 → 8×（整数）** をイメージしておきます。

最終的な式の形をイメージしておくと，証明を進めやすくなりますよ。

<連続する整数の表し方>
連続する3つの整数…n, $n+1$, $n+2$（または，$n-1$, n, $n+1$）
連続する3つの偶数…$2n$, $2n+2$, $2n+4$（または，$2n-2$, $2n$, $2n+2$）
連続する3つの奇数…$2n+1$, $2n+3$, $2n+5$（または，$2n-1$, $2n+1$, $2n+3$）

基本練習 →答えは別冊4ページ

連続する3つの整数で，まん中の数の2乗から1をひいた数は，残りの2つの数の積と等しくなることを証明します。□にあてはまる式を入れましょう。

（証明） 連続する3つの整数は，小さいほうから順に，

n, ☐, ☐ と表せる。ただし，nは整数とする。

まん中の数の2乗から1をひいた数は，

$(\boxed{})^2 - 1 = (\boxed{}) - 1$

$ = \boxed{}$

$ = \boxed{}(\boxed{})$

したがって，連続する3つの整数で，まん中の数の2乗から1をひいた数は，残りの2つの数の積と等しくなる。

<左ページの問題の答え>
連続する3つの整数は，n, $n+1$, $n+2$
偶数は$2m$, 奇数は$2n+1$, 3の倍数は$3m$, 5の倍数は$5n$
問題1 小さいほう…$2n+1$, 大きいほう…$2n+3$
$(2n+3)^2-(2n+1)^2=4n^2+12n+9-(4n^2+4n+1)=8n+8=8(n+1)$, 8の倍数

数の計算も，公式で変身！

乗法公式や因数分解の公式を使うと，**数の計算を能率よくできる場合があります。**

例　$99^2 = (100-1)^2 = 10000 - 200 + 1 = 9801$
　　　　　　99を100−1とみる　→　乗法公式③で展開

例　$51^2 - 49^2 = (51+49)(51-49) = 100 \times 2 = 200$
　　x^2-a^2の形　→　公式④で因数分解

復習テスト

1章　多項式の計算

答えは別冊4ページ
得点 /100点

1 次の計算をしましょう。【各5点　計10点】

(1) $-3a(a-4b)$

(2) $(10x^2-30xy)\div 5x$

2 次の式を展開しましょう。【各5点　計30点】

(1) $(x+1)(3x-2)$

(2) $(x-1)(x-8)$

(3) $(x+9)^2$

(4) $(x+3y)(x-3y)$

(5) $(a-5)(a+6)$

(6) $(a-7b)^2$

3 次の計算をしましょう。【各5点　計10点】

(1) $(x-3)^2+(x+4)(x-4)$

(2) $(x+2)(x+7)-(x+5)^2$

4 次の数を素因数分解しましょう。【各5点　計10点】

(1) 70

(2) 108

5 次の式を因数分解しましょう。 【各5点 計30点】

(1) $x^2y - xy^2 + xyz$

(2) $x^2 + 5x + 6$

(3) $x^2 + 8x + 16$

(4) $x^2 - 100$

(5) $x^2 - x - 56$

(6) $x^2 - 12x + 36$

6 連続する2つの奇数の積に1をたした数は4の倍数になります。このことを証明しましょう。 【10点】

(証明)

2乗した数のつくり方

28にできるだけ小さい自然数をかけて，ある自然数の2乗にするためには，どんな数をかければよいでしょうか？

まず，28を素因数分解してみましょう。

$28 = 2^2 \times 7$

になります。

この式の右辺の式の形に着目しましょう。

$2^2 \times 7$ がある自然数の2乗になるためには，どのような式になればよいかを考えます。

$2^2 \times 7^2 = (2 \times 7)^2 = 14^2$

なので，7が7^2になるような自然数をかければよいことがわかります。

つまり，7をかければ，自然数14の2乗になりますね。

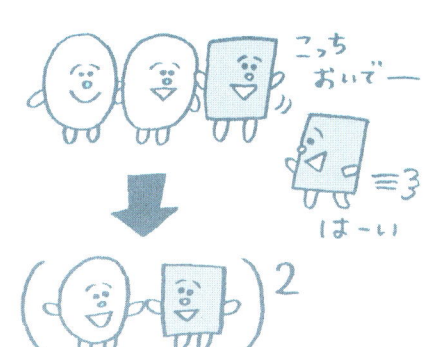

12 平方根とは？

2章 平方根

2乗すると a になる数を **a の平方根** といいます。正の数 a の平方根は，**正の数と負の数の2つあり，その絶対値は等しくなります**。…といわれてもピンとこないですよね。そこで，問題を解きながら考えていきましょう。

問題1　36の平方根を求めましょう。

「36の平方根」とは，「2乗すると36になる数」といいかえることができます。

よって，$\boxed{}^2 = 36$，$\left(-\boxed{}\right)^2 = 36$ だから，

36の平方根は $\boxed{}$ と $\boxed{}$ です。

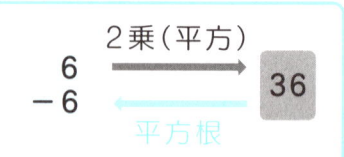

問題2　7の平方根を求めましょう。

7の平方根は，「●² = 7」の●にあてはまる数になりますが…，さて，困りましたね。これまで学習してきた数では表せそうにありません。

7の平方根のうち，正のほうは，**根号**という記号 $\sqrt{}$ を使って，$\boxed{}$ と表します。（ルートと読む／ルート7と読む）

一方，負のほうは，$\sqrt{}$ の前に負の符号をつけて，$\boxed{}$ と表します。（マイナスルート7と読む）

一般に，正の数 a の平方根は，正のほうを $\sqrt{a}$，負のほうを $-\sqrt{a}$ と表します。また，これらをまとめて  $\pm\sqrt{a}$ と書くこともできます。
（プラスマイナスルートaと読む）

ステップアップ　正の数，0，負の数の平方根

正の数の平方根は2つありましたね。
これは正の整数だけでなく，正の分数や小数についても同じです。
では，0の平方根はどう考えればよいでしょうか？
2乗して0になる数は0だけなので，**0の平方根は0** だけです。
それでは，負の数の平方根はどうなるでしょう？
正の数も負の数も2乗すると正の数になりますね。
だから，**負の数の平方根はありません。**

> **分数と小数の平方根**
>
> ● $\dfrac{1}{4}$ の平方根は？
> $\left(\dfrac{1}{2}\right)^2 = \dfrac{1}{4}$，$\left(-\dfrac{1}{2}\right)^2 = \dfrac{1}{4}$
> だから，$\dfrac{1}{2}$ と $-\dfrac{1}{2}$
>
> ● 0.36の平方根は？
> $0.6^2 = 0.36$，$(-0.6)^2 = 0.36$
> だから，0.6と-0.6

<平方根>
2乗すると a になる数を，a の平方根といいます。
正の数 a の平方根は，根号 $\sqrt{}$ を使って，正のほうを $\sqrt{a}$，負のほうを $-\sqrt{a}$ と表します。

基本練習　→答えは別冊5ページ

次の数の平方根を求めましょう。

(1)　25

(2)　$\dfrac{4}{9}$

(3)　0.09

(4)　5

次の数を根号を使わずに表しましょう。

(1)　$\sqrt{16}$

(2)　$-\sqrt{81}$

<左ページの問題の答え>
問題1　$6^2=36$，$(-6)^2=36$，6と-6
問題2　$\sqrt{7}$，$-\sqrt{7}$

$\sqrt{}$ をはずして

$\sqrt{}$ の中の数がある数の2乗になっているときは，$\sqrt{}$ をはずして表すことができます。

例　$\sqrt{25}=5$　←25の平方根のうちの正のほう。

例　$-\sqrt{25}=-5$　←25の平方根のうちの負のほう。

例　$\sqrt{(-5)^2}=\sqrt{25}=5$　←-5としないように注意！
　　まず，$\sqrt{}$ の中を計算。

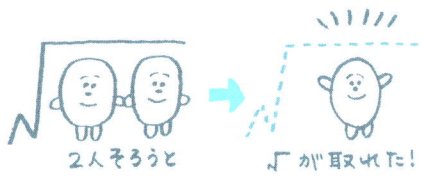
2人そろうと → $\sqrt{}$ が取れた！

ステップアップ

13 平方根の大小比べ

2章 平方根

平方根の大小

平方根の大小は，√の中の数の大きさで比べることができます。
それでは，次の平方根の大小を，不等号を使って表しましょう。

問題1　(1) $\sqrt{2}$ と $\sqrt{3}$　　　(2) $-\sqrt{7}$ と -3

(1) √の中の数の大小関係は，2 □ 3 だから，$\sqrt{2}$ □ $\sqrt{3}$ です。

$\sqrt{2}$ は約1.4，$\sqrt{3}$ は約1.7 なので，数直線で表すと，右のようになります。

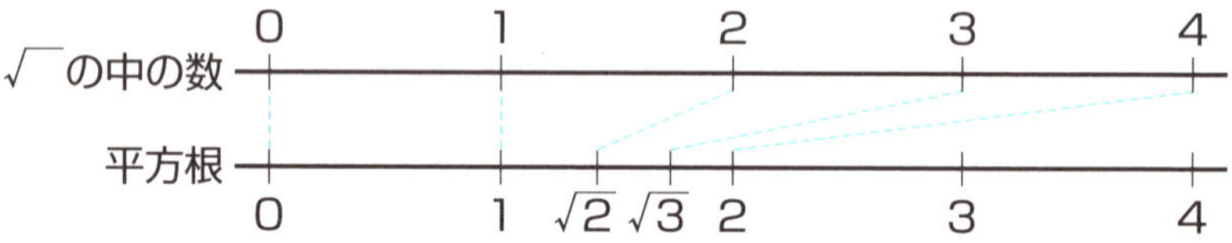

このように，正の平方根は，√の中の数が大きくなるほど大きくなります。

平方根の大小
a, b が正の数のとき，
$a < b$ ならば $\sqrt{a} < \sqrt{b}$

(2) まず，負の符号をとった $\sqrt{7}$ と3の大小を比べます。

3を√を使って表すと，$3 = \sqrt{}$　←整数を√がついた数に直して比べる。

√の中の数の大小関係は，7 □ 9 だから，$\sqrt{7}$ □ $\sqrt{9}$ です。

負の数では，絶対値が大きいほど □ なるから，$-\sqrt{7}$ □ $-\sqrt{9}$
　　　　　　　　　　　　　　↑大きく？ 小さく？　　　負の平方根は，√の中の数が大きくなるほど小さくなる。

したがって，$-\sqrt{7}$ □ -3

ステップアップ

3つの数の大小

5，$\sqrt{23}$，$\sqrt{26}$ の大小を，不等号を使って表してみましょう。
まず，5を√を使って表すと，$5 = \sqrt{25}$ です。
$\sqrt{25} > \sqrt{23}$，$\sqrt{23} < \sqrt{26}$ だから，$5 > \sqrt{23} < \sqrt{26}$

なんて表していませんか？　でもちょっとまって！
これでは，5と$\sqrt{26}$ の大小関係がわかりませんよ。
3つの数の大小を表すときは，不等号の向きをそろえて，
$\sqrt{23} < 5 < \sqrt{26}$ と表します。

<平方根の大小>

a, bが正の数のとき, 2つの平方根の大小は右のようになります。

$a < b$ ならば, $\sqrt{a} < \sqrt{b}$, $-\sqrt{a} > -\sqrt{b}$

基本練習 → 答えは別冊5ページ

次の各組の数の大小を,不等号を使って表しましょう。

(1) $\sqrt{5}$, $\sqrt{7}$

(2) $-\sqrt{19}$, $-\sqrt{21}$

(3) 4, $\sqrt{15}$

(4) -5, $-\sqrt{23}$

<左ページの問題の答え>
問題1 (1) 2<3だから, $\sqrt{2} < \sqrt{3}$
(2) $3=\sqrt{9}$, 7<9だから, $\sqrt{7} < \sqrt{9}$, 小さく, $-\sqrt{7} > -\sqrt{9}$, $-\sqrt{7} > -3$

√a の正体は？

$\sqrt{4}$ のように, √ の中の数が自然数の2乗になっている数は整数で表せましたが, $\sqrt{2}$ のような数はどうでしょうか？
$\sqrt{2}$ を小数で表すと, 1.414213… とどこまでも続く小数になります。
また, このような数は分数でも表せません。
このように分数で表すことのできない数を **無理数** といいます。
これに対して, 分数で表せる数を **有理数** といいます。
数の世界がまたひとつ広がりましたね。

14 根号がついた数のかけ算とわり算

2章 平方根 　　　根号がついた数の乗除

根号がついた数のかけ算は，√ の中の数どうしをかけて，その積に √ をつけます。
では，次の計算をしてみましょう。

平方根の積
a, b が正の数のとき，
$$\sqrt{a} \times \sqrt{b} = \sqrt{a \times b}$$

問題1 (1) $\sqrt{3} \times \sqrt{5}$ 　　(2) $\sqrt{2} \times \sqrt{8}$

(1) $\sqrt{3} \times \sqrt{5} = \sqrt{\boxed{} \times \boxed{}} = \sqrt{\boxed{}}$
　　← √ の中の数どうしをかける。

(2) $\sqrt{2} \times \sqrt{8} = \sqrt{\boxed{} \times \boxed{}} = \sqrt{\boxed{}} = \boxed{}$
　　← √ の中が自然数の2乗になったので，√ をはずした数に直して答える。

続いてわり算です。
根号のついた数のわり算は，右のように，商を分数で表し，**分数全体に √ をつけます。**

では，次の計算をしてみましょう。

平方根の商
a, b が正の数のとき，
$$\sqrt{a} \div \sqrt{b} = \frac{\sqrt{a}}{\sqrt{b}} = \sqrt{\frac{a}{b}}$$

問題2 (1) $\sqrt{30} \div \sqrt{6}$ 　　(2) $\sqrt{27} \div \sqrt{3}$

(1) $\sqrt{30} \div \sqrt{6} = \dfrac{\sqrt{30}}{\sqrt{6}}$

$= \sqrt{\dfrac{\boxed{}}{\boxed{}}} = \sqrt{\boxed{}}$ 　← √ の中の数を約分

(2) $\sqrt{27} \div \sqrt{3} = \dfrac{\sqrt{27}}{\sqrt{3}} = \sqrt{\boxed{}}$
　↑ 商を分数で表す。

$= \sqrt{\boxed{}} = \boxed{}$ 　← √ の中が自然数の2乗になったので，√ をはずした数に直して答える。
　↑ 約分

ステップアップ

答えはできるだけシンプルに！

問題1の(2)で，答えを $\sqrt{16}$ としてはいけません。
このように，√ の中の数が **ある数の2乗になっている** ときは，√ をはずして答えます。

また，**問題2**の(1)で，答えを $\sqrt{\dfrac{30}{6}}$ としてはいけません。
√ の中の分数が 約分できるときは，**必ず約分** して答えます。

「√ をはずせるかも」「約分できるかも」うーーん

<平方根の積と商>

$\sqrt{\ }$ の中の数どうしの積や商を求め，その積や商に $\sqrt{\ }$ をつけます。

a，bが正の数のとき，

$\sqrt{a}\times\sqrt{b}=\sqrt{a\times b}$，$\sqrt{a}\div\sqrt{b}=\sqrt{\dfrac{a}{b}}$

基本練習

➔答えは別冊5ページ

次の計算をしましょう。

(1) $\sqrt{2}\times\sqrt{7}$

(2) $\sqrt{5}\times\sqrt{11}$

(3) $\sqrt{3}\times\sqrt{27}$

(4) $\sqrt{14}\div\sqrt{2}$

(5) $\sqrt{42}\div\sqrt{7}$

(6) $\sqrt{75}\div\sqrt{3}$

<左ページの問題の答え>

問題1 (1) $\sqrt{3\times5}=\sqrt{15}$ (2) $\sqrt{2\times8}=\sqrt{16}=4$

問題2 (1) $\sqrt{\dfrac{30}{6}}=\sqrt{5}$ (2) $\sqrt{\dfrac{27}{3}}=\sqrt{9}=3$

負の数が混じった計算

負の数が混じったかけ算やわり算では，**はじめに，答えの符号を決めてから計算**しましょう。

同符号の積・商の符号→**＋**，**異符号**の積・商の符号→**－**

平方根の計算も，今までの計算と同じですね。

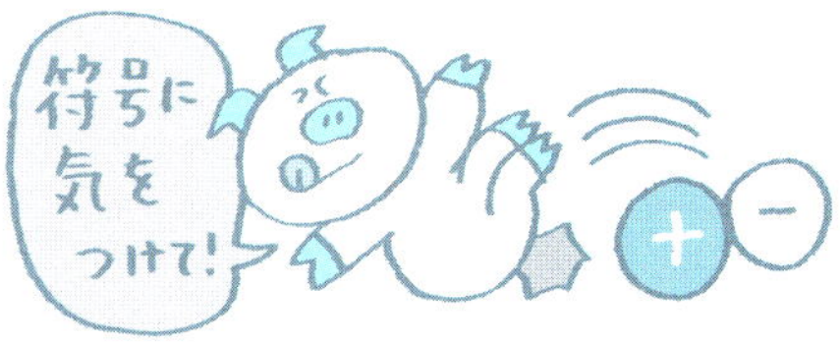

例 $\sqrt{2}\times(-\sqrt{5})=-\sqrt{2\times5}=-\sqrt{10}$

(＋)×(－) → 積の符号は－

例 $-\sqrt{15}\div(-\sqrt{3})=+\sqrt{\dfrac{15}{3}}=\sqrt{5}$

(－)÷(－) → 商の符号は＋

ステップアップ

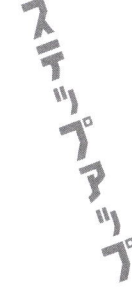

15 根号がついた数の変形

2章 平方根

√ の外にある数を，√ の中に入れるにはどうすればよいでしょうか？

問題1　$3\sqrt{2}$ を，$\sqrt{■}$ の形に変形しましょう。

√ の外の数を2乗すると，√ の中に入れることができます。

$$3\sqrt{2} = \sqrt{\Box^2} \times \sqrt{2} = \sqrt{\Box \times \Box} = \sqrt{\Box}$$

2乗して√ がついた数にする。　　　　$\sqrt{a} \times \sqrt{b} = \sqrt{a \times b}$

> $3 \times \sqrt{2}$ のように，数と平方根の積は文字式と同じように，記号×をはぶいて，$3\sqrt{2}$ と表せます。

次は，√ の中の数をできるだけ小さな自然数にする変形です。
これは，上の変形のしかたの逆を考えればいいですね。
次の数を，$●\sqrt{■}$ の形に変形してみましょう。

$$a\sqrt{b} = \sqrt{a^2 b}$$

問題2　(1) $\sqrt{45}$　　(2) $\sqrt{\dfrac{6}{25}}$

√ の中の数を，$●^2 \times ■$ の形に直すと，$●^2$ の部分を √ の外に出すことができます。

(1) $\sqrt{45} = \sqrt{\Box^2 \times 5} = \sqrt{\Box^2} \times \sqrt{5} = \Box\sqrt{\Box}$

　　　　●² × ■ の形にする。　　　√ をとって，自然数に直す。

$$\sqrt{a^2 b} = a\sqrt{b}$$

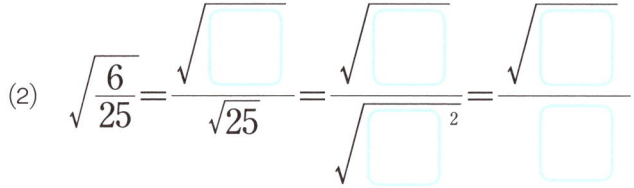

自然数を2乗した数
$1^2=1,\ 2^2=4,\ 3^2=9,$
$4^2=16,\ 5^2=25,\ 6^2=36,$
$7^2=49,\ 8^2=64,\ 9^2=81$

ステップアップ

素因数分解を使って

$\sqrt{180}$ を，$●\sqrt{■}$ の形に変形する方法について考えてみましょう。
このように，√ の中の数が大きくなると，√ の外に出す数は簡単には見つかりませんね。
こんなときは，素因数分解が大かつやくしますよ！

例　180を素因数分解すると，下のようになるから，

```
2) 180
2)  90
3)  45
3)  15
    5
```

$\sqrt{180} = \sqrt{2 \times 2 \times 3 \times 3 \times 5}$
$= \sqrt{2^2 \times 3^2 \times 5}$ ← ●² になったら，√ の外へ
$= 2 \times 3 \times \sqrt{5}$
$= 6\sqrt{5}$

〈根号がついた数の変形〉

√ の外の数を √ の中へ →

$$a\sqrt{b} = \sqrt{a^2 b}$$

← √ の中の数を √ の外へ

例 $2\sqrt{3} = \sqrt{2^2} \times \sqrt{3} = \sqrt{4 \times 3} = \sqrt{12}$

基本練習 → 答えは別冊5ページ

次の数を，$\sqrt{\blacksquare}$ の形に変形しましょう。

(1) $2\sqrt{7}$

(2) $6\sqrt{5}$

(3) $\dfrac{\sqrt{12}}{2}$

(4) $\dfrac{\sqrt{63}}{3}$

次の数を，√ の中ができるだけ小さな自然数になるように変形しましょう。

(1) $\sqrt{8}$

(2) $\sqrt{75}$

(3) $\sqrt{\dfrac{3}{16}}$

(4) $\sqrt{\dfrac{7}{81}}$

〈左ページの問題の答え〉
問題1 $\sqrt{3^2} \times \sqrt{2} = \sqrt{9 \times 2} = \sqrt{18}$
問題2 (1) $\sqrt{3^2 \times 5} = \sqrt{3^2} \times \sqrt{5} = 3\sqrt{5}$
(2) $\dfrac{\sqrt{6}}{\sqrt{25}} = \dfrac{\sqrt{6}}{\sqrt{5^2}} = \dfrac{\sqrt{6}}{5}$

かけ算は ●√■ に変形して

$\sqrt{12} \times \sqrt{18}$ を，次の2通りの方法で計算してみましょう。
① はじめから √ の中の数どうしをかけると，
$\sqrt{12} \times \sqrt{18} = \sqrt{216} = \sqrt{2 \times 2 \times 2 \times 3 \times 3 \times 3} = \sqrt{2^2 \times 3^2 \times 2 \times 3} = 2 \times 3 \times \sqrt{2 \times 3} = 6\sqrt{6}$
② はじめに，$\sqrt{12}$ と $\sqrt{18}$ を ●√■ の形に変形すると，
$\sqrt{12} \times \sqrt{18} = 2\sqrt{3} \times 3\sqrt{2} = 2 \times 3 \times \sqrt{3} \times \sqrt{2} = 6\sqrt{6}$

①の方法だと，√ の中の数が大きくなってしまい，あとの計算がめんどうになりますね。
②のように，はじめに ●√■ の形に変形してから計算するようにしましょう。

まず、●√■ に直してね

ステップアップ

16 分母に根号がある数の変形

2章 平方根　　分母に根号をふくまない形に

34ページで学習したように，$\sqrt{2} \div \sqrt{3}$ の商は，$\dfrac{\sqrt{2}}{\sqrt{3}} = \sqrt{\dfrac{2}{3}}$ と表すことができましたね。

もちろんこれでもまちがいではありませんが，ここでは，このように，分母に $\sqrt{}$ がある数を，分母に $\sqrt{}$ をふくまない形に変形してみましょう。

問題1
(1) $\dfrac{\sqrt{2}}{\sqrt{3}}$ 　　(2) $\dfrac{6}{\sqrt{18}}$

(1) 分数では，分母と分子に同じ数をかけても大きさは変わらないことを利用します。
分母の $\sqrt{3}$ を整数にするには，$\sqrt{3}$ をかければ3になりますね。
そこで，**$\sqrt{3}$ を分母と分子にかける**と，

$$\dfrac{\sqrt{2}}{\sqrt{3}} = \dfrac{\sqrt{2} \times \sqrt{\square}}{\sqrt{3} \times \sqrt{\square}} = \dfrac{\sqrt{\square}}{3}$$

(2) $\dfrac{6}{\sqrt{18}} = \dfrac{6}{3\sqrt{2}} = \dfrac{\square}{\sqrt{\square}} = \dfrac{2 \times \sqrt{\square}}{\sqrt{2} \times \sqrt{\square}} = \dfrac{\square\sqrt{\square}}{\square} = \sqrt{\square}$

まず，$\sqrt{18}$ を $a\sqrt{b}$ の形に　　約分　　分母と分子に同じ数をかける。　　最後に約分

このように，分母に $\sqrt{}$ がある数は，**分母と分子に同じ数をかけて，分母に $\sqrt{}$ がない形で表すことができます。**

「分母を有理化」するともいう。

$$\dfrac{a}{\sqrt{b}} = \dfrac{a \times \sqrt{b}}{\sqrt{b} \times \sqrt{b}} = \dfrac{a\sqrt{b}}{b}$$

ステップアップ

有理化とは？

分母に $\sqrt{}$ がある数から $\sqrt{}$ を取り除いて，分母に $\sqrt{}$ がない数に変形することを，**分母を有理化する**といいます。

例　$\sqrt{\dfrac{2}{3}} = \dfrac{\sqrt{2}}{\sqrt{3}} = \dfrac{\sqrt{2} \times \sqrt{3}}{\sqrt{3} \times \sqrt{3}} = \dfrac{\sqrt{6}}{3}$

<分母に根号をふくまない形への変形>

分母に $\sqrt{}$ がある数は，分母と分子に同じ数をかけて，分母に $\sqrt{}$ がない形で表すことができます。

例　$\dfrac{\sqrt{2}}{\sqrt{3}} = \dfrac{\sqrt{2} \times \sqrt{3}}{\sqrt{3} \times \sqrt{3}} = \dfrac{\sqrt{6}}{3}$

基本練習　→答えは別冊6ページ

次の数を，分母に $\sqrt{}$ をふくまない形にしましょう。

(1) $\dfrac{\sqrt{3}}{\sqrt{5}}$

(2) $\dfrac{6}{\sqrt{3}}$

(3) $\dfrac{4}{\sqrt{8}}$

(4) $\dfrac{3\sqrt{2}}{\sqrt{6}}$

<左ページの問題の答え>

問題1　(1) $\dfrac{\sqrt{2} \times \sqrt{3}}{\sqrt{3} \times \sqrt{3}} = \dfrac{\sqrt{6}}{3}$

(2) $\dfrac{6}{3\sqrt{2}} = \dfrac{2}{\sqrt{2}} = \dfrac{2 \times \sqrt{2}}{\sqrt{2} \times \sqrt{2}} = \dfrac{2\sqrt{2}}{2} = \sqrt{2}$

答えの $\sqrt{}$ の中はできるだけ小さい自然数に！

例　$\sqrt{2} \times \sqrt{6} = \sqrt{12} = 2\sqrt{3}$　←$a\sqrt{b}$ の形で答える。

次のように，さらにうまいやり方もあります。

$\sqrt{2} \times \sqrt{6} = \sqrt{2} \times \sqrt{2} \times \sqrt{3} = (\sqrt{2})^2 \times \sqrt{3} = 2\sqrt{3}$

例　$\sqrt{5} \div \sqrt{3} = \dfrac{\sqrt{5}}{\sqrt{3}} = \dfrac{\sqrt{5} \times \sqrt{3}}{\sqrt{3} \times \sqrt{3}} = \dfrac{\sqrt{15}}{3}$　←分母に $\sqrt{}$ がない形で答える。

できるだけ小さく

ステップアップ

17 根号がついた数のたし算とひき算

2章 平方根　根号がついた数の加減

$7\sqrt{3}$と$2\sqrt{3}$のように，$\sqrt{}$の部分が同じ数は，たしたりひいたりして，1つの数にまとめることができます。

問題1　(1) $7\sqrt{3}+2\sqrt{3}$　　(2) $7\sqrt{3}-2\sqrt{3}$

(1) $\sqrt{3}$を文字aとみて，$7a+2a$と同じように計算できます。

$7a+2a = (7+2)a = 9a$

$7\sqrt{3}+2\sqrt{3} = (\boxed{}+\boxed{})\sqrt{3} = \boxed{}$

平方根の和と差

$m\sqrt{a}+n\sqrt{a}=(m+n)\sqrt{a}$

$m\sqrt{a}-n\sqrt{a}=(m-n)\sqrt{a}$

(2) $7a-2a$と同じように計算できます。

$7\sqrt{3}-2\sqrt{3} = (\boxed{}-\boxed{})\sqrt{3} = \boxed{}$

問題2　$5\sqrt{2}-7\sqrt{5}-2\sqrt{2}+3\sqrt{5}$ を計算しましょう。

$\sqrt{}$の中が同じ数どうしは，たしたりひいたりできるから，

$5\sqrt{2}-7\sqrt{5}-2\sqrt{2}+3\sqrt{5}$
$=5\sqrt{2}-2\sqrt{2}-7\sqrt{5}+3\sqrt{5}$ ← $\sqrt{}$の部分が同じ数どうしを集める。
$=(\boxed{}-\boxed{})\sqrt{2}+(\boxed{}+\boxed{})\sqrt{5}$
$=\boxed{}$

ステップアップ

$\sqrt{a}+\sqrt{b}$ は $\sqrt{a+b}$ ではない！

平方根のかけ算とたし算の計算のしかたのちがいに注意しましょう。

たし算では，かけ算のように，$\sqrt{}$の中の数どうしを計算してはいけません。

たとえば，$\sqrt{9}+\sqrt{16}$と$\sqrt{9+16}$の答えを比べてみましょう。

$\sqrt{9}+\sqrt{16}=3+4=7$

$\sqrt{9+16}=\sqrt{25}=5$

明らかに，$\sqrt{9}+\sqrt{16}$と$\sqrt{9+16}$はちがうことがわかりますね。

<平方根の和と差>

√ の部分が同じ数どうしは，文字式の同類項をまとめるのと同じように考えて，計算してまとめることができます。

例
$7\sqrt{3} + 2\sqrt{3} = (7+2)\sqrt{3} = 9\sqrt{3}$
$7\sqrt{3} - 2\sqrt{3} = (7-2)\sqrt{3} = 5\sqrt{3}$

基本練習 → 答えは別冊6ページ

次の計算をしましょう。

(1) $3\sqrt{2} + 4\sqrt{2}$

(2) $2\sqrt{7} - 5\sqrt{7}$

(3) $8\sqrt{5} - \sqrt{5} - 4\sqrt{5}$

(4) $5\sqrt{2} - 3\sqrt{3} + \sqrt{2} + 2\sqrt{3}$

(5) $\sqrt{8} + \sqrt{2}$

(6) $\sqrt{5} - \sqrt{20}$

<左ページの問題の答え>
問題1 (1) $(7+2)\sqrt{3} = 9\sqrt{3}$
(2) $(7-2)\sqrt{3} = 5\sqrt{3}$
問題2 $(5-2)\sqrt{2} + (-7+3)\sqrt{5} = 3\sqrt{2} - 4\sqrt{5}$

● √■ の形にすればまとめられる！

基本練習の(5)，(6)は解けましたか？
たとえば，(5)は，√ の中の数が8と2でちがうので，一見，まとめられないように見えますね。そこで，$\sqrt{8}$ を ●$\sqrt{■}$ の形に変形してみましょう。今まで見えていなかった$\sqrt{2}$が出てきましたね。

このように，√ の中の数を**できるだけ小さい自然数になるように変形**すると，**まとめられる計算**があります。

まとまった！
$2\sqrt{2} + \sqrt{2}$

ステップアップ

18 いろいろな計算

2章 平方根　　分配法則と乗法公式の利用

6ページで，（単項式）×（多項式）の展開を学習しましたね。これと同じように，√ をふくむ式でも，**分配法則を使って展開できます。**

では，次の計算をしてみましょう。

問題1　$\sqrt{3}(\sqrt{3}+5)$

$\sqrt{3}$ を a とみて，$a(a+5)$ と同じように展開します。

$a(a+5) = a \times a + a \times 5 = a^2 + 5a$

$\sqrt{3}(\sqrt{3}+5) = \sqrt{3} \times \boxed{} + \boxed{} \times 5 = \boxed{}$

次は，1章で学習した乗法公式を使って，√ をふくむ式を展開してみましょう。

問題2　(1)　$(\sqrt{2}+3)^2$　　(2)　$(\sqrt{5}+\sqrt{7})(\sqrt{5}-\sqrt{7})$

(1) $\sqrt{2}$ を x，3 を a とみて，$(x+a)^2$ の展開を利用します。

$(x+a)^2 = x^2 + 2 \times a \times x + a^2$ ←乗法公式2が利用できる。

$(\sqrt{2}+3)^2 = (\boxed{})^2 + 2 \times \boxed{} \times \boxed{} + \boxed{}^2 = \boxed{} + \boxed{}\sqrt{2}$

(2) $\sqrt{5}$ を x，$\sqrt{7}$ を a とみて，$(x+a)(x-a)$ の展開を利用します。

$(x+a)(x-a) = x^2 - a^2$ ←乗法公式4が利用できる。

$(\sqrt{5}+\sqrt{7})(\sqrt{5}-\sqrt{7}) = (\boxed{})^2 - (\boxed{})^2 = \boxed{} - \boxed{} = \boxed{}$

ステップアップ

$(a+b)(c+d)$ も忘れずに！

√ をふくむ式の展開でも乗法公式が使えることはわかりましたね。そして，もちろん，基本の公式 $(a+b)(c+d)=ac+ad+bc+bd$ も使えますよ。

例　$(\sqrt{2}+3)(\sqrt{3}+1)$
$= \sqrt{2} \times \sqrt{3} + \sqrt{2} \times 1 + 3 \times \sqrt{3} + 3 \times 1$
$= \sqrt{6} + \sqrt{2} + 3\sqrt{3} + 3$

基本の公式も使えるよ

<式の展開の利用>
√ をふくむ式の計算では、√ の部分を文字とみて、分配法則や乗法公式を利用して展開することができます。

例 $\sqrt{3}(\sqrt{3}+5) = \sqrt{3}\times\sqrt{3} + \sqrt{3}\times 5$ ← 分配法則
$(\sqrt{2}+3)^2 = (\sqrt{2})^2 + 2\times 3\times\sqrt{2} + 3^2$ ← 乗法公式

基本練習　→答えは別冊6ページ

次の計算をしましょう。

(1) $\sqrt{2}(\sqrt{2}-3)$

(2) $\sqrt{3}(\sqrt{6}+\sqrt{2})$

(3) $(\sqrt{5}+2)^2$

(4) $(\sqrt{2}+3)(\sqrt{2}-1)$

(5) $(\sqrt{7}+4)(\sqrt{7}-4)$

(6) $(\sqrt{6}-\sqrt{2})^2$

<左ページの問題の答え>
問題1　$\sqrt{3}\times\sqrt{3}+\sqrt{3}\times 5 = 3+5\sqrt{3}$
問題2　(1) $(\sqrt{2})^2+2\times 3\times\sqrt{2}+3^2 = 11+6\sqrt{2}$
　　　 (2) $(\sqrt{5})^2-(\sqrt{7})^2 = 5-7 = -2$

くふうしだいで、使えます

次のように、一見、乗法公式が使えないように思える式の展開でも、ちょっとくふうすれば、うまく乗法公式を使えることがあります。

例　$(2\sqrt{3}+\sqrt{18})(\sqrt{12}-3\sqrt{2})$
　　$= (2\sqrt{3}+3\sqrt{2})(2\sqrt{3}-3\sqrt{2})$ ← $\sqrt{18}$ と $\sqrt{12}$ を ●$\sqrt{■}$ の形に
　　$= (2\sqrt{3})^2-(3\sqrt{2})^2$ ← $(x+a)(x-a)$ の形が見えた！
　　$= 12-18 = -6$

ステップアップ

復習テスト

2章 平方根

1 次の数の平方根を求めましょう。 【各4点 計12点】

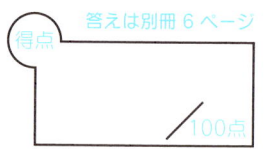

(1) 64　　(2) $\dfrac{9}{25}$　　(3) 13

2 次の数を√ を使わずに表しましょう。 【各4点 計12点】

(1) $\sqrt{49}$　　(2) $-\sqrt{100}$　　(3) $\sqrt{(-4)^2}$

3 次の各組の数の大小を，不等号を使って表しましょう。 【各5点 計10点】

(1) 5, $\sqrt{29}$　　(2) -6, $-\sqrt{37}$

4 次の数を，√ の中ができるだけ小さな自然数になるように変形しましょう。 【各4点 計8点】

(1) $\sqrt{50}$　　(2) $\sqrt{216}$

5 次の数を，分母に√ をふくまない形にしましょう。 【各4点 計8点】

(1) $\dfrac{15}{\sqrt{5}}$　　(2) $\dfrac{4\sqrt{3}}{\sqrt{6}}$

6 次の計算をしましょう。 【各5点 計30点】

(1) $\sqrt{5} \times \sqrt{15}$

(2) $\sqrt{28} \div \sqrt{7}$

(3) $5\sqrt{3} + 4\sqrt{3}$

(4) $2\sqrt{5} - 8\sqrt{5}$

(5) $2\sqrt{3} - \sqrt{2} - 2\sqrt{2} - 3\sqrt{3}$

(6) $\sqrt{6} - 4\sqrt{6} + \sqrt{24}$

7 次の計算をしましょう。 【各5点 計20点】

(1) $-\sqrt{2}(\sqrt{2} - \sqrt{6})$

(2) $(\sqrt{6} + 5)(\sqrt{6} - 5)$

(3) $(\sqrt{5} - \sqrt{2})^2$

(4) $(\sqrt{3} - 2)(\sqrt{3} - 4)$

大きい順にならべてみよう！

次の①から④の数を大きいほうから順に答えることができますか？

① $\dfrac{3}{2}$　② $\dfrac{\sqrt{3}}{2}$　③ $\sqrt{\dfrac{3}{2}}$　④ $\dfrac{3}{\sqrt{2}}$

まず、③と④を分母に $\sqrt{}$ をふくまない形にしてみましょう。

③… $\sqrt{\dfrac{3}{2}} = \dfrac{\sqrt{3}}{\sqrt{2}} = \dfrac{\sqrt{3} \times \sqrt{2}}{\sqrt{2} \times \sqrt{2}} = \dfrac{\sqrt{6}}{2}$　　④… $\dfrac{3}{\sqrt{2}} = \dfrac{3 \times \sqrt{2}}{\sqrt{2} \times \sqrt{2}} = \dfrac{3\sqrt{2}}{2}$

これで4つの分数の分母は、どれも2になりました。
分母が同じになったので、次は、分子の大きさを比べます。
それぞれの分子の数を、$\sqrt{\blacksquare}$ の形で表してみると、
①…$3 = \sqrt{9}$　②…$\sqrt{3}$　③…$\sqrt{6}$　④…$3\sqrt{2} = \sqrt{18}$

以上から、大きいほうから順に、④, ①, ③, ②となりますね。

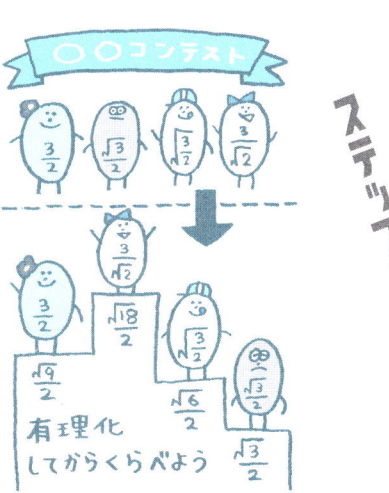

ステップアップ

有理化してからくらべよう

19 2次方程式とは？

3章 2次方程式　　　　　　　　　　　　　　　　　　2 次 方 程 式

まずはじめに，次の2つの方程式を見比べてみましょう。
　　$2x-6=0$ ……①　　　$x^2-6x+8=0$ ……②
移項して整理することで，①のように，**（1次式）＝0** の形で表せる方程式を
〔　　〕**方程式**といいましたね。これに対して，②のように，**（2次式）＝0** の形で表せる方程式を〔　　〕**方程式**といいます。

中1のときに学習した方程式です。
中3で学習する方程式です。

問題1　1，2，3，4のうち，方程式 $x^2-6x+8=0$ の解はどれですか。

2次方程式でも，**式に代入したときに等式が成り立つような文字の値**を**解**といいます。
それでは，$x^2-6x+8=0$ にそれぞれの数を代入して，左辺の値が0になるものを探しましょう。

左辺＝右辺となり，等式が成り立つ。

　1を代入すると，左辺＝$1^2-6\times 1+8=$〔　　〕$-$〔　　〕$+8=$〔　　〕

　2を代入すると，左辺＝〔　　〕$^2-6\times$〔　　〕$+8=$〔　　〕$-$〔　　〕$+8=$〔　　〕

　3を代入して，計算すると，左辺＝〔　　〕

　4を代入して，計算すると，左辺＝〔　　〕

これより，この方程式の解は，$x=$〔　　〕，$x=$〔　　〕　です。

1次方程式の解は1つですが，一般に，2次方程式の解は2つあります。

このように，2次方程式の**解をすべて求める**ことを，その**2次方程式を解く**といいます。
解が2つあるときは，その両方を求める。

ステップアップ

覚えてる？　式の次数の数え方

単項式の次数は，かけ合わされている文字の個数です。

多項式の次数は，式の中の項の次数のうち，いちばん大きいものです。
そして，次数が1の式を1次式，次数が2の式を2次式，次数が3の式を3次式，……といいます。

例　$5xy=5\times \underline{x\times y}$
　　　　　　　　文字が2個→次数は2

例　$2a+a^2b+3ab=\underline{2\times a}+\underline{a\times a\times b}+\underline{3\times a\times b}$
　　　　　　　　　次数は1　　次数は3　　次数は2
　　　　　　　　　　　　　　　↑
　　　　　　　　　　この項の次数がいちばん
　　　　　　　　　　大きいから，式の次数は3

<2次方程式>

移項して整理することで，（2次式）＝0 の形に変形できる方程式を2次方程式といいます。
2次方程式を成り立たせるような文字の値を，その方程式の解といい，解をすべて求めることをその2次方程式を解くといいます。

基本練習　→答えは別冊7ページ

次の方程式のうち，x についての2次方程式はどれですか。記号で答えましょう。

　ア　$x^2=3$　　　イ　$x^2+3x=x^2-3$　　　ウ　$5x=3-2x^2$

-2，-1，0，1，2のうち，方程式 $x^2+x-2=0$ の解はどれですか。

<左ページの問題の答え>
1次方程式，2次方程式
問題1　$1-6+8=3$，$2^2-6\times2+8=4-12+8=0$，-1，0，2，4

方程式の一般形

1次方程式は，文字 a，b を使って，次のように表すことができます。

$$ax+b=0 \quad (a, b は定数, a\neq 0)$$

同じように，2次方程式は，文字 a，b，c を使って，次のように表すことができます。

$$ax^2+bx+c=0 \quad (a, b, c は定数, a\neq 0)$$

20 2次方程式の解き方①

3章 2次方程式　　　　2次方程式の解き方①

「ある数 x を2乗すると a になる」ことを方程式で表すと，$x^2 = a$ と表せますね。2乗すると a になる数は a の □ なので，x は a の平方根になります。平方根の考え方を使って，次の方程式を解きましょう。

$$x^2 = a$$
$$x = \pm\sqrt{a}$$

30ページを見よう。

問題1
(1) $2x^2 = 18$　　　(2) $(x+1)^2 = 3$

(1) まず，$x^2 = ■$ の形になるように，式を変形します。

↓1次方程式と同じように，＝でそろえて書く。
$$2x^2 = 18$$

両辺を2でわって，x^2 の係数を1にすると，$x^2 =$ □　　← $x^2 = ■$ の形にする。

□ の平方根を求めると，　　$x = \pm$ □　　← $x = \pm■$ は，$x = ■$ と $x = -■$ をまとめて表している。

正の数の平方根は2つある。

(2) $(x + ●)^2 = ■$ の形の方程式は，$x + ●$ の部分をひとまとまりとみます。
$$(x+1)^2 = 3$$
$x + 1$ を M とすると，　　$M^2 = 3$

3の平方根を求めると，$M = \pm$ □

M をもとにもどすと，$x + 1 = \pm$ □

$+1$ を移項すると　　$x =$ □ $\pm$ □

左辺の $+1$ を，符号を変えて右辺に移すこと。

基本の解き方
$$ax^2 - b = 0$$　移項する。
$$ax^2 = b$$　両辺を a でわる。
$$x^2 = \frac{b}{a}$$　平方根を求める。
$$x = \pm\sqrt{\frac{b}{a}}$$

ステップアップ

どうしたら方程式を解いたことになるの？

1次方程式の解は1つだけなので，その1つを求めれば方程式を解いたことになります。ところが，2次方程式の解は，ふつう，2つあります。だから，2つのうちのどちらか一方を求めただけでは，方程式を解いたことにはなりません。

つまり，「方程式を解きなさい」といわれたら，その方程式を成り立たせる **すべての文字の値を求めなければいけません。**

<平方根の考えを使った解き方> 例 $3x^2-15=0 \Rightarrow 3x^2=15 \Rightarrow x^2=5 \Rightarrow x=\pm\sqrt{5}$
　　　　　　　　　　　　　　　　　　－15を移項　　両辺を3でわる　5の平方根を求める

基本練習 →答えは別冊7ページ

次の方程式を解きましょう。

(1) $x^2-5=0$

(2) $3x^2=48$

(3) $2x^2-50=0$

(4) $4x^2=32$

(5) $(x-3)^2=2$

(6) $(x+2)^2=9$

<左ページの問題の答え>
平方根
問題1 (1) $x^2=9$, 9の平方根を求めると, $x=\pm 3$
(2) $M=\pm\sqrt{3}$, $x+1=\pm\sqrt{3}$, $x=-1\pm\sqrt{3}$

解の√の中はできるだけ小さな自然数に！

平方根の計算では，答えの√の中の数はできるだけ小さな自然数に直して答えましたね。
2次方程式の解についても同じことがいえます。
解は，√の中の数をできるだけ小さな自然数に直して答えましょう。

例　$x^2=20$
　　$x=\pm\sqrt{20}$
　　$x=\pm 2\sqrt{5}$

例　$x^2=\dfrac{4}{3}$
　　$x=\pm\sqrt{\dfrac{4}{3}}$
　　$x=\pm\dfrac{2}{\sqrt{3}}$
　　$x=\pm\dfrac{2\sqrt{3}}{3}$

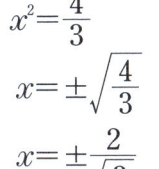

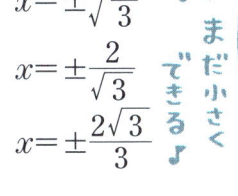

ステップアップ

21 2次方程式の解き方②

3章 2次方程式

方程式 $x^2-6x+8=0$ の解き方について考えてみましょう。xの1次の項があるので，平方根の考え方は使えそうにありませんね。このような方程式は，**因数分解を利用して解く**ことができます。では，次の方程式を解いてみましょう。

（xの1次の項 ↑）

問題1 (1) $x^2-6x+8=0$　　(2) $x^2+10x+25=0$

(1)も(2)も，左辺を因数分解することができるので，まず，因数分解します。

(1)
$$x^2-6x+8=0$$

左辺を因数分解すると，$(x-2)\left(x-\boxed{}\right)=0$

（左辺を $x^2+(a+b)x+ab=(x+a)(x+b)$ と因数分解する。）

（↑ たして-6, かけて8になる2数）

$x-2$ と $x-\boxed{}$ をかけると0になるので，**どちらか一方の式は $\boxed{}$ になります。**

よって，$x-2=\boxed{}$，

$AB=0$ ならば $A=0$ または $B=0$

または，$x-\boxed{}=\boxed{}$

したがって，$x=\boxed{}$，$x=\boxed{}$ ← この2つのxの値が方程式の解

(2)
$$x^2+10x+25=0$$

左辺を因数分解すると，$\left(x+\boxed{}\right)^2=0$

（左辺を $x^2+2ax+a^2=(x+a)^2$ と因数分解する。）

$x+\boxed{}=0,\ x=\boxed{}$

← これまで学習してきた2次方程式では，解は2つありましたが，この2次方程式のように，解が1つだけのものもあります。

ステップアップ 右辺の0がたいせつ！

因数分解を利用して解くときは，**右辺は0でなければいけません。**
では，たとえば，右辺を1としたらどうなるでしょうか？
$AB=1$ となる2つの数の組をさがしてみると，
　まず，$A=1, B=1$ や $A=-1, B=-1$ はすぐにわかりますね。
　さらに，$A=2, B=\frac{1}{2}$ や $A=-3, B=-\frac{1}{3}$ もあてはまります。
このように，$AB=1$ となる2つの数の組は無数に考えられます。
この中から方程式を満たすxの値を見つけることは，ちょっとムリですね。

$(x-1)^2$ 左辺 ＝ 0 右辺　右辺の0が大切！

〈因数分解を利用した解き方〉

例 $x^2-6x+8=0$ → $(x-2)(x-4)=0$ → $x-2=0$ または $x-4=0$ → $x=2, x=4$
　　　　　　　　　　　左辺を因数分解　　　　　　　$AB=0$ ならば $A=0$ または $B=0$

基本練習　→答えは別冊7ページ

次の方程式を解きましょう。

(1) $(x+1)(x+5)=0$

(2) $x^2-3x=0$

(3) $x^2-8x+16=0$

(4) $x^2-36=0$

(5) $x^2+14x+49=0$

(6) $x^2+4x-45=0$

〈左ページの問題の答え〉
問題1 (1) $(x-2)(x-4)=0$, $x-4$, どちらか一方の式は0, $x-2=0$, $x-4=0$, $x=2$, $x=4$
(2) $(x+5)^2=0$, $x+5=0$, $x=-5$

両辺をxでわってはダメ！

基本練習の(2)の問題を，右のように解きませんでしたか？
これでは，$x=0$ の解がぬけているので，正解にはなりません。
では，どうしてまちがえてしまったのでしょうか？
今一度，等式の性質を思い出してみましょう。
「等式の両辺を同じ数でわっても等式は変わらない。ただし，
0でわることはできない。」
方程式では，文字xは0である場合も考えられるので，xでわってはいけなかったのです。

$x^2-3x=0$
両辺をxでわって，
$x-3=0$
$x=3$

ステップアップ

22　2次方程式の解の公式とは？

3章　2次方程式 / 2次方程式の解の公式

今回は，どんな2次方程式でも解くことができる魔法のような公式を紹介しましょう。
それは**2次方程式の解の公式**です。

2次方程式の解の公式

2次方程式 $ax^2+bx+c=0$ の解は，

$$x=\frac{-b\pm\sqrt{b^2-4ac}}{2a}$$

では，次の方程式を解いてみましょう。

問題1　$x^2+3x+1=0$

平方根の考え方を使うこともできませんし，左辺を因数分解することもできませんね。
こんなときこそ，解の公式の出番です。

$x^2+3x+1=0$ は，
$ax^2+bx+c=0$ で，
$a=\boxed{}$, $b=\boxed{}$, $c=\boxed{}$
の場合だから，この a，b，c の値を
解の公式にあてはめて計算します。

$$x=\frac{-\boxed{}\pm\sqrt{\boxed{}^2-4\times\boxed{}\times\boxed{}}}{2\times\boxed{}}$$

$$=\frac{-\boxed{}\pm\sqrt{\boxed{}-\boxed{}}}{\boxed{}}$$

$$=\frac{-\boxed{}\pm\sqrt{\boxed{}}}{\boxed{}}$$

> 解の公式のつくり方については，59ページのステップアップで説明しています。
> 見ておきましょう。

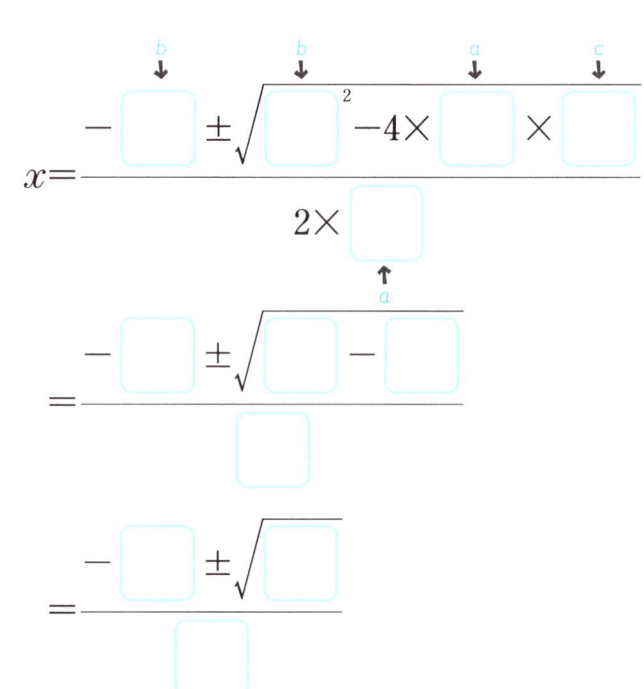

ステップアップ

解の公式は最終手段！

「こんなベンリな公式があるならはじめから教えてよ〜。」と思った人も多いでしょう。でも，ちょっとまってくださいね！
解の公式にあてはめたときの計算の過程を見ると，かなり複雑になっていますね。それだけに **計算ミス** も多くなります。
2次方程式を解くときは，まず，平方根の考え方や因数分解を使った解き方を考えましょう。どちらの方法でも解けないときに，はじめて解の公式に頼ります。**解の公式は2次方程式を解く最終手段** ですよ。

＜2次方程式の解の公式＞

2次方程式 $ax^2+bx+c=0$ の解は, $x = \dfrac{-b \pm \sqrt{b^2-4ac}}{2a}$

基本練習 → 答えは別冊7ページ

次の方程式を，解の公式を使って解きましょう。

(1) $x^2+5x+3=0$

(2) $x^2+2x-1=0$

(3) $2x^2+x-1=0$

(4) $3x^2-6x+2=0$

＜左ページの問題の答え＞

問題1 $a=1, b=3, c=1$

$x = \dfrac{-3 \pm \sqrt{3^2-4\times1\times1}}{2\times1} = \dfrac{-3\pm\sqrt{9-4}}{2} = \dfrac{-3\pm\sqrt{5}}{2}$

解の公式を利用するときの注意！

方程式 $2x^2-4x+1=0$ を，解の公式を使って解いてみます。
次のようなところに注意して計算しましょう。

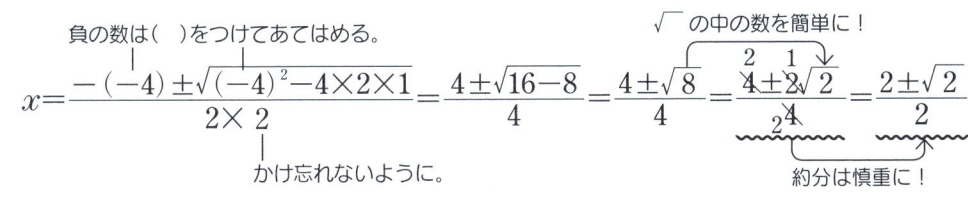

負の数は( )をつけてあてはめる。　　　　　　　　　　√ の中の数を簡単に！

$$x = \dfrac{-(-4) \pm \sqrt{(-4)^2 - 4\times2\times1}}{2\times 2} = \dfrac{4\pm\sqrt{16-8}}{4} = \dfrac{4\pm\sqrt{8}}{4} = \dfrac{4\pm2\sqrt{2}}{4} = \dfrac{2\pm\sqrt{2}}{2}$$

かけ忘れないように。　　　　　　　　　約分は慎重に！

注意してね

ステップアップ

23 いろいろな方程式を解こう

3章 2次方程式
いろいろな方程式

2次方程式は，いつも $x^2 + ●x + ■ = 0$ の形とはかぎりません。
ここでは，いろいろな形をした2次方程式の解き方について考えてみましょう。

問題1　(1) $x^2 = 6x - 9$　　(2) $(x+4)(x-4) = 6x$

(1),(2)の方程式は，どちらも右辺が0ではありませんね。
そこで，まず方程式を整理して，（2次式）＝0 の形に直します。

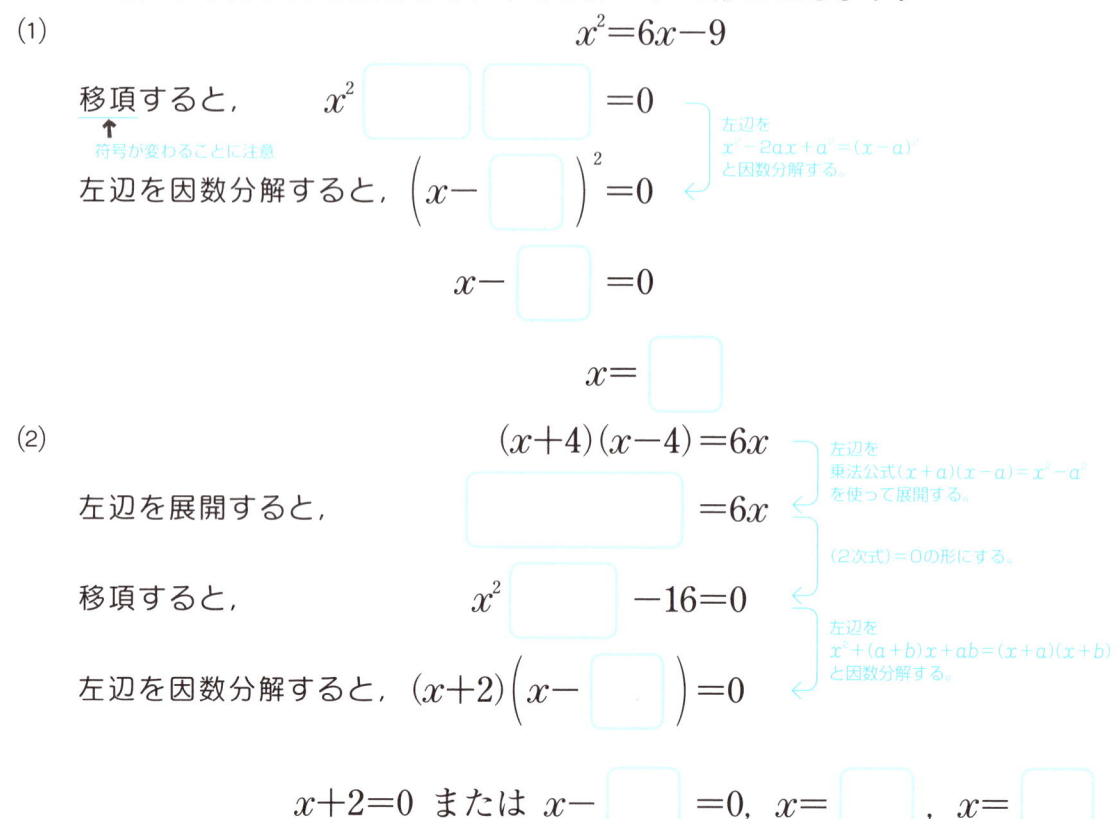

(1)
$$x^2 = 6x - 9$$

移項すると，　$x^2 \boxed{} \boxed{} = 0$ 　（左辺を $x^2 - 2ax + a^2 = (x-a)^2$ と因数分解する。）
↑符号が変わることに注意

左辺を因数分解すると，$\left(x - \boxed{}\right)^2 = 0$

$$x - \boxed{} = 0$$

$$x = \boxed{}$$

(2)
$$(x+4)(x-4) = 6x$$

左辺を展開すると，　$\boxed{} = 6x$ 　（左辺を乗法公式 $(x+a)(x-a) = x^2 - a^2$ を使って展開する。）

移項すると，　$x^2 \boxed{} - 16 = 0$ 　（（2次式）＝0の形にする。）

左辺を因数分解すると，$(x+2)\left(x - \boxed{}\right) = 0$ 　（左辺を $x^2 + (a+b)x + ab = (x+a)(x+b)$ と因数分解する。）

$x + 2 = 0$ または $x - \boxed{} = 0$, $x = \boxed{}$, $x = \boxed{}$

ステップアップ

移項とは？

中1の1次方程式の学習で，移項について学びましたね。方程式を解く上で，欠かせないものなので，今一度，復習しておきましょう。
移項とは， 等式で，**一方の辺にある項を，その符号を変えて，他方の辺に移すこと** です。
移項することで，方程式は，（1次式）＝0 や（2次式）＝0 の形に直すことができます。

<いろいろな方程式の解き方>
分配法則や乗法公式を使って，（ ）をはずします。
移項して，（2次式）＝0 の形に整理します。
左辺の式の形を見て，平方根の考え方，因数分解を利用した解き方，解の公式のいずれかを利用します。

基本練習 →答えは別冊8ページ

次の方程式を解きましょう。

(1) $x^2 = 5x$

(2) $x^2 = x + 2$

(3) $x^2 - 6x = 3(1 - 2x)$

(4) $x^2 = 3(x + 6)$

(5) $(x-2)^2 = x$

(6) $(x-1)(x+3) = -2$

<左ページの問題の答え>
問題1　(1) $x^2 - 6x + 9 = 0$, $(x-3)^2 = 0$, $x - 3 = 0$, $x = 3$
　　　　(2) $x^2 - 16 = 6x$, $x^2 - 6x - 16 = 0$, $(x+2)(x-8) = 0$, $x - 8 = 0$, $x = -2$, $x = 8$

x^2 の係数を1にして！

方程式 $2x^2 - 6x + 4 = 0$ の解き方を考えてみましょう。
もちろん，右のように，まず共通因数2をくくり出して，さらに（ ）の中を因数分解して解くこともできます。でも，もっとうまいやり方がありますよ。
はじめに，等式の性質「等式の両辺を，0以外の同じ数でわっても等式は変わらない。」ことを利用します。
両辺を2でわると，$x^2 - 3x + 2 = 0$ になります。あとは，左辺を因数分解すればいいですね。
このように，x^2 の係数を1にする と，方程式を解くのが楽になります。

$2x^2 - 6x + 4 = 0$
$2(x^2 - 3x + 2) = 0$
$2(x-1)(x-2) = 0$
$x = 1, x = 2$

ステップアップ

24 文章題を解こう

3章 2次方程式　　　2次方程式の応用

これまで学習してきた2次方程式の解き方を使って、文章題を解いてみましょう。

問題1 連続する2つの自然数があります。2つの数の積は、2つの数の和より19大きくなります。この2つの自然数を求めましょう。

小さいほうの数をxとすると、大きいほうの数は　□　と表せます。← まず、連続する2つの自然数をxを使って表す。

「2つの数の積は、2つの数の和より19大きくなる」ことを方程式で表すと、

$$x(\boxed{})=x+(\boxed{})+19$$

← 何と何が等しいかを読み取り、方程式に表す。
（2つの数の積）＝（2つの数の和）＋19

$$x^2+\boxed{}=2x+\boxed{}$$

$$\boxed{}=0$$

移項して、（2次式）＝0の形に整理する。

左辺を因数分解する。

$$(x+4)(x-\boxed{})=0$$

$$x=-4,\ x=\boxed{}$$

← この2つの解を、求める答えとしないように注意する。

xは自然数だから、$x=-4$は問題にあいません。 ← 必ず、**解の検討**を行うこと。

$x=\boxed{}$のとき、連続する2つの数は　□，□　となり、これは問題にあっています。

したがって、連続する2つの自然数は、□ と □
　　　　　　　　　　　　　　　　　　xの値　$x+1$の値

ステップアップ

解の検討を忘れずに！

1次方程式の文章題と同じように、2次方程式の文章題でも**解の検討**（→求めた解が文章題の答えにあっているか調べること）は欠かせません。
特に、2次方程式では、一般に解が2つあるので、
一方は問題にあっているが、**もう一方は問題にあっていない**
ことがよくあります。
求めるものが何であるのかをしっかり吟味して、答えを決めるようにしましょう。

<文章題の解き方の手順>

❶ **方程式をつくる。** ⟶ ❷ **方程式を解く。** ⟶ ❸ **解の検討をする。**
・問題の中の等しい数量の関係を見つけます。　　　　　　　　　　　方程式の解が，その問題に
・何をxで表すかを決めます。　　　　　　　　　　　　　　　　　あっているかを調べます。

基本練習　→答えは別冊8ページ

連続する3つの自然数があります。小さいほうの2つの数の積は，3つの数の和に等しくなります。次の問いに答えましょう。

(1) いちばん小さい自然数をxとして，残りの2つの自然数をxを使って表しましょう。

(2) 方程式をつくり，解きましょう。

(3) 連続する3つの自然数を求めましょう。

<左ページの問題の答え>
問題1　大きいほうの数は$x+1$，$x(x+1)=x+(x+1)+19$，
$x^2+x=2x+20$, $x^2-x-20=0$, $(x+4)(x-5)=0$,
$x=5$, $x=5$, 5, 6, 5と6

図形の問題もよく登場！

（問題）右の図のように，正方形の縦を2cm長くし，横を3cm短くして長方形をつくったところ，長方形の面積は36cm²になりました。もとの正方形の1辺の長さを求めましょう。

（解答）もとの正方形の1辺の長さを$x$cmとすると，
$(x+2)(x-3)=36$
$x^2-x-6=36$
$x^2-x-42=0$
$(x+6)(x-7)=0$
$x=-6$, $x=7$

$x>0$だから，$x=-6$は問題にあわない。
したがって，もとの正方形の1辺の長さは7cm

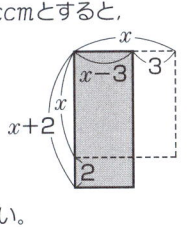

復習テスト

3章　2次方程式

答えは別冊8ページ
得点 /100点

1
次の方程式で，−3が解であるものはどれですか。記号で答えましょう。【8点】

ア $x^2-3=0$　　イ $x^2+3x=0$　　ウ $x^2-4x+3=0$　　エ $x^2+6x+9=0$

2
次の方程式を解きましょう。【各6点　計36点】

(1) $4x^2=36$

(2) $x^2-6x+5=0$

(3) $3x^2-60=0$

(4) $x^2+12x+36=0$

(5) $x^2-3x-28=0$

(6) $(x-1)^2=3$

3
次の方程式を，解の公式を使って解きましょう。【各6点　計12点】

(1) $x^2+3x-2=0$

(2) $2x^2-x-3=0$

4 次の方程式を解きましょう。 【各6点 計24点】

(1) $x^2+2x=8$

(2) $x^2=4(x+3)$

(3) $(x-2)(x+8)=6x$

(4) $(x+6)^2=-x$

5 連続する2つの自然数で，それぞれの数を2乗した和が145になります。この2つの自然数を求めましょう。 【20点】

解の公式はこうしてできる！

52ページで，2次方程式 $ax^2+bx+c=0$ の解の公式を学習しましたね。この公式を導くポイントは，右のように式を変形して，$(x+■)^2=●$ の形をつくることです。
そうすれば，平方根の考え方を使うことができますね。

$ax^2+bx+c=0$

$x^2+\dfrac{b}{a}x+\dfrac{c}{a}=0$ ←両辺をx^2の係数aでわる。

$x^2+\dfrac{b}{a}x=-\dfrac{c}{a}$ ←左辺の数の項を移項する。

$x^2+\dfrac{b}{a}x+\left(\dfrac{b}{2a}\right)^2=-\dfrac{c}{a}+\left(\dfrac{b}{2a}\right)^2$ ←左辺を$(x+■)^2$の形にするために，両辺にxの係数の$\dfrac{1}{2}$の2乗をたす。

$\left(x+\dfrac{b}{2a}\right)^2=\dfrac{b^2-4ac}{4a^2}$ ←左辺を因数分解して，$(x+■)^2$の形にする。

$x+\dfrac{b}{2a}=\pm\dfrac{\sqrt{b^2-4ac}}{2a}$ ←平方根を求める。

$x=\dfrac{-b\pm\sqrt{b^2-4ac}}{2a}$ ←左辺の数の項を移項して，整理する。

ステップアップ

なるほど

25 2乗に比例する関数とは？

4章 関数 $y=ax^2$　　y が x の2乗に比例する関数

中1のときに，y が x に比例する関数を学習しましたね。中3では，<u>y が x の2乗に比例する関数</u>について学習します。まず，「2乗に比例する」ということは，どのようなことなのかを考えていきましょう。

問題1　関数 $y=2x^2$ について，下の□にあてはまる数を書きましょう。

(1) まずはじめに，x の値に対応する y の値を調べます。右の表を完成させましょう。

<small>$y=2x^2$ に x の値を代入して y の値を求める。</small>

x	0	1	2	3	4	5
x^2	0	1	4	9	16	25
y	0	2	8	□	□	□

(2) x の値が2倍になると，y の値は □ 倍になります。また，x の値が3倍，4倍，

<small>x の値が1から2になると，y の値は2から8になる。</small>

…になると，y の値は，□ 倍，□ 倍，…になります。

このように，<u>x の値が n 倍になると，y の値は n^2 倍になります。</u>　← <small>y が x に比例する関数では，x の値が n 倍になると，y の値も n 倍になる。</small>

(3) $x \neq 0$ のとき，上下に対応する x^2 と y の値の商 $\dfrac{y}{x^2}$ はどれも □ となり，一定です。

この値が**比例定数**です。

一般に，y が x の2乗に比例する関数の式は，a を比例定数として，右のように表されます。

$$y=ax^2$$
比例定数

ステップアップ

関数とは？

「関数」とはどんな関係であるのかを，今一度，復習しておきましょう。
ともなって変わる2つの数量 x，y があって，<u>x の値を決めると，それにともなって y の値がただ1つに決まる</u> とき，<u>y は x の関数である</u> といいましたね。
これまで学習してきた比例，反比例，1次関数はどれも関数です。
そして，ここで学習する y が x の2乗に比例する関係も，もちろん関数です。
これで中学で学習する関数がすべて出そろいました。

<y が x の 2 乗に比例する関数>

- x の値が 2 倍, 3 倍, 4 倍, …, n 倍になると, y の値は 4 倍, 9 倍, 16 倍, …, n^2 倍になります。
- $x \neq 0$ のとき, 対応する x^2 と y の値の商 $\dfrac{y}{x^2}$ は一定で, この値を**比例定数**といいます。
- y が x の 2 乗に比例する関数の式　$y = ax^2$ （a は定数, $a \neq 0$）

基本練習 → 答えは別冊 8 ページ

右の表は, y が x の 2 乗に比例する関数で, x と y の値の対応のようすを表したものです。次の□にあてはまる数を書きましょう。

x	0	1	2	3	4
y	0	5	20	45	80

(1) x の値が 2 倍, 3 倍, 4 倍, …になると, y の値は□倍, □倍, □倍, …になります。

(2) 比例定数は□です。

(3) y を x の式で表すと, $y = $ □x^2 です。

(4) $x = 5$ に対応する y の値は□です。

<左ページの問題の答え>
問題 1　(1) （左から）18, 32, 50
　　　　(2) 4 倍, 9 倍, 16 倍
　　　　(3) 2

負の数までひろげて

右の表は, 関数 $y = 2x^2$ で, x の値を負の数までひろげて x と y の対応のようすをまとめたものです。

このように, x の値を負の数までひろげても, y が x の 2 乗に比例する関係は成り立ちます。

x	…	-4	-3	-2	-1	0	1	2	3	4	…
x^2	…	16	9	4	1	0	1	4	9	16	…
y	…	32	18	8	2	0	2	8	18	32	…

ステップアップ

26 式を求めよう

4章 関数 $y=ax^2$

関数 $y=ax^2$ の式の求め方

まずは復習から！「y は x に比例し，$x=4$ のとき $y=12$ です。y を x の式で表すと？」

求める式を $y=ax$ とおいて，この式に，$x=\boxed{}$，$y=\boxed{}$ を代入して，

$\boxed{}=a\times\boxed{}$，$a=\boxed{}$ より，$y=\boxed{}$

と求めることができましたね。

2乗に比例する関数の式も，同じように**比例定数を求める**ことがポイントですよ。

問題1

y は x の2乗に比例し，$x=2$ のとき $y=12$ です。
(1) y を x の式で表しましょう。
(2) $x=-3$ のときの y の値を求めましょう。

(1) y は x の2乗に比例するから，式を $y=ax^2$ とおくことができます。

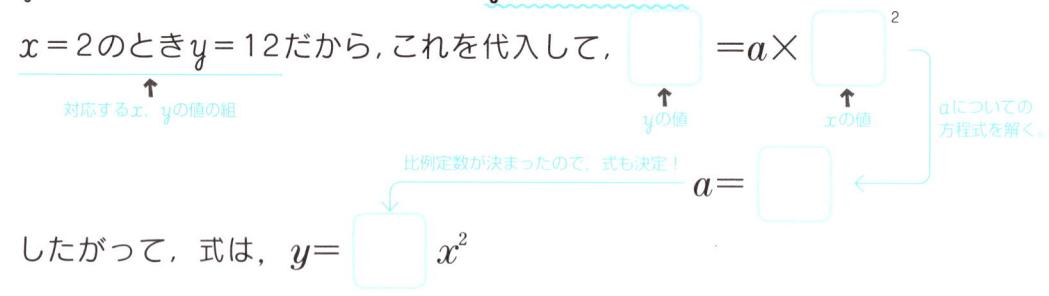

$x=2$ のとき $y=12$ だから，これを代入して，$\boxed{}=a\times\boxed{}^2$

↑対応する x，y の値の組　　↑y の値　　↑x の値　　a についての方程式を解く。

$a=\boxed{}$

比例定数が決まったので，式も決定！

したがって，式は，$y=\boxed{}x^2$

(2) (1)で求めた式に x の値を代入します。

$y=\boxed{}x^2$ に $x=-3$ を代入すると，$y=\boxed{}\times\left(\boxed{}\right)^2=\boxed{}$

↑負の数は（　）をつけて代入する。

ステップアップ

比例定数と y の値

関数 $y=ax^2$ では，比例定数 a は0以外の数なので，正の数であることも負の数であることもあります。そして，$x\neq0$ のとき，x^2 は必ず正の数になるので，y の値が正負のどちらの数になるかは，比例定数 **a の符号によって決まります。**

a が **正の数** ならば，y の符号はいつも **＋**，
a が **負の数** ならば，y の符号はいつも **－**

になりますね。

<2乗に比例する関数の式の求め方>
1. 求める式を $y=ax^2$ とおく。
2. $y=ax^2$ に1組の x, y の値を代入する。
3. a についての方程式を解き, a の値を求める。

y は x の2乗に比例する → $y=ax^2$

基本練習　→答えは別冊9ページ

次の問いに答えましょう。

(1) y は x の2乗に比例し, $x=4$ のとき $y=8$ です。y を x の式で表しましょう。

(2) 右の表は, y が x の2乗に比例する関係で, x と y の値の対応のようすの一部を表したものです。ア, イにあてはまる数を求めましょう。

x	-3	-1	2	4
y	-27	ア	-12	イ

<左ページの問題の答え>
$x=4$, $y=12$, $12=a\times 4$, $a=3$, $y=3x$
問題1 (1) $12=a\times 2^2$, $a=3$, $y=3x^2$
(2) $y=3x^2$, $y=3\times(-3)^2=27$

「2次関数」って呼んでもいいの？

$y=(x$ の1次式$)$ で表される関数を**1次関数**といいましたね。
同じように、「関数 $y=ax^2$ は $y=(x$ の2次式$)$ で表されているから、2次関数って呼んでもいいんじゃないかな。」と思った人はいませんか？
かなりセンスのよい質問ですね。
そのとおり、**関数 $y=ax^2$ は2次関数と呼んでもかまいません。**
比例の関数 $y=ax$ は、1次関数 $y=ax+b$ で、$b=0$ の特別な場合でしたね。
一般に、2次関数の式は $y=ax^2+bx+c$ と表します。関数 $y=ax^2$ は、この式で $b=c=0$ の特別な場合なのです。

私は 2次関数の トクベツな 場合です

ステップアップ

27 グラフをかこう

4章 関数 $y=ax^2$

関数 $y=ax^2$ のグラフ ①

比例のグラフや1次関数のグラフは**直線**に，反比例のグラフは**双曲線**になりましたね。関数 $y=ax^2$ のグラフは**放物線**という形のグラフになります。それはいったい，どんな形なのでしょうか？

直線　双曲線

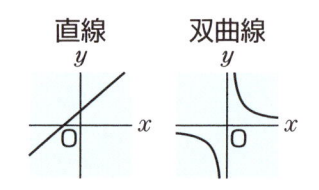

問題 1　関数 $y=x^2$ のグラフをかきましょう。

❶ x の値に対応する y の値を求め，下の表にまとめます。← $y=x^2$ に x の値を代入して，y の値を求める。

x	…	−4	−3	−2	−1	0	1	2	3	4	…
y	…					0					…

❷ ❶の表の x，y の値の組を座標とする点をとります。
たとえば，$x=1$ のとき $y=1$ だから，（1，1）を座標とする点をとる。

❸ ❷でとった点を通るなめらかな曲線をかきます。
直線でも双曲線でもない新しいグラフ→放物線

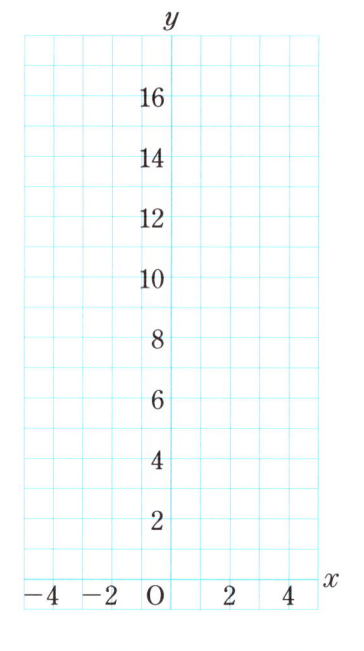

では，関数 $y=x^2$ のグラフを見て，グラフについてどんなことがわかるか考えてみましょう。

$x=0$ のとき $y=0$ だから，□ を通ります。
↑ 点Oを何という？

y の値は0か正の数だから，x軸の □ 側にあります。
↑ 上か？ 下か？

□ 軸を対称の軸として，**線対称な形**になります。
↑　　　　　　　　　　　　y軸について対称という場合もあります。
x軸か？ y軸か？

ステップアップ

放物線とは？

関数 $y=ax^2$ のグラフを **放物線** といいます。
放物線は限りなくのびた曲線で線対称な図形です。
その対称の軸を **放物線の軸**，軸と放物線との交点を **放物線の頂点** といいます。

関数 $y=ax^2$ のグラフでは，放物線の軸は y軸，放物線の頂点は**原点**になります。

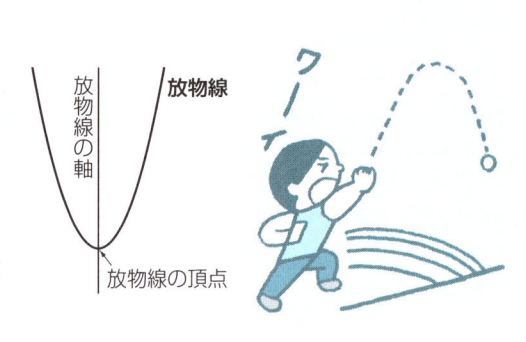

<関数 $y=ax^2$ のグラフ>
・なめらかな曲線です。
・原点を通ります。
・y軸を対称の軸として線対称です。

$a>0$ のとき，グラフは x 軸の**上側**にある。

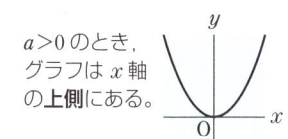

$a<0$ のとき，グラフは x 軸の**下側**にある。

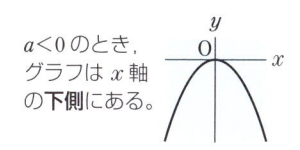

基本練習

→ 答えは別冊9ページ

次の関数のグラフをかきましょう。

(1) $y=2x^2$

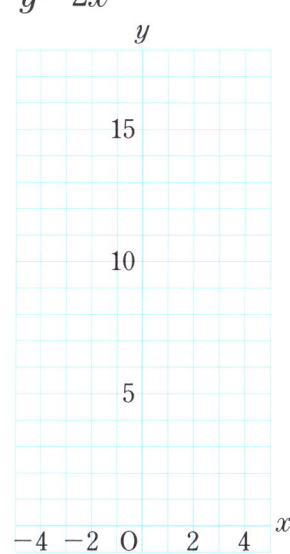

(2) $y=-2x^2$

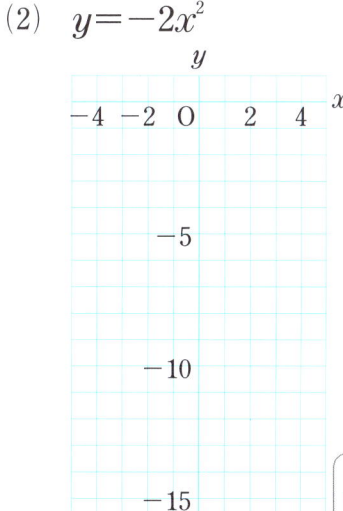

<左ページの問題の答え>
問題1 ❶ （左から）
16, 9, 4, 1, 1, 4, 9, 16

❷❸

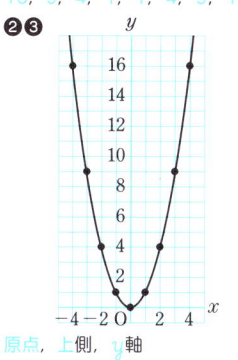

原点，上側，y軸

比例定数が負のときは？

関数 $y=-x^2$ のように，比例定数が負のとき，グラフはどんな形になるでしょうか？
まず，xとyの値の対応のようすを表にまとめます。

x	…	-4	-3	-2	-1	0	1	2	3	4	…
y	…	-16	-9	-4	-1	0	-1	-4	-9	-16	…

この表をもとにしてグラフをかくと，右の図のようになりますね。
$y=-x^2$ のグラフは，$y=x^2$ のグラフを逆さにした形になりました。
そして，yの値は0か負の数になるので，**グラフはx軸の下側にあります。**

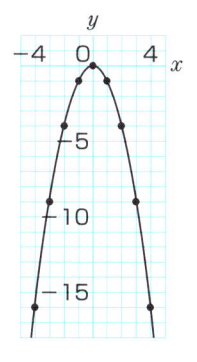

ステップアップ

28 グラフからよみとろう

4章 関数 $y=ax^2$　　関数 $y=ax^2$ のグラフ②

関数 $y=ax^2$ のグラフから，その式を求めてみましょう。

問題1 右の図の(1), (2)のグラフは，y が x の2乗に比例する関数のグラフです。それぞれについて，y を x の式で表しましょう。

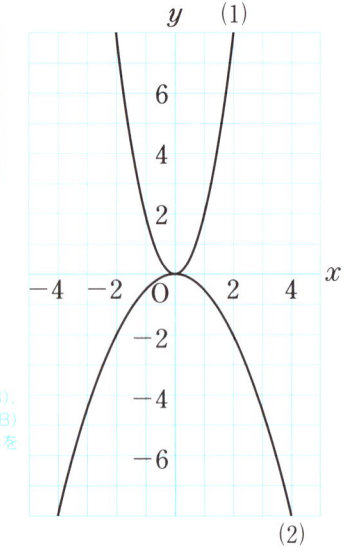

(1) グラフが通る点のうち，x 座標，y 座標がはっきりよみとれる点を見つけます。
　↑ x 座標，y 座標がともに整数であるような点

グラフは，点 $(1, \ \square)$ を通ります。← グラフは，点 $(2, 8)$，$(-1, 2)$，$(-2, 8)$ も通るので，これらを使ってもよい。

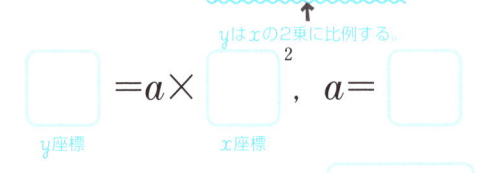

この点の座標を $y=ax^2$ に代入すると，
　↑ y は x の2乗に比例する。

$\square = a \times \square^2$，$a = \square$

　　　y座標　　x座標

← グラフが通る点の x 座標，y 座標がわかれば，あとは，62ページで学習した式の求め方と同じ。

したがって，式は，$y = \square$

(2) グラフは，点 $(2, \ \square)$ を通るから，この点の座標を $y=ax^2$ に代入すると，

$\square = a \times \square^2$，$a = \square$

← グラフは，点 $(4, -8)$，$(-2, -2)$，$(-4, -8)$ も通るので，これらを代入して，a の値を求めることもできる。

したがって，式は，$y = \square$

ステップアップ

グラフの開き方

右の図は，$y=x^2$ …①，$y=2x^2$ …②，$y=3x^2$ …③ のグラフをまとめて表しています。3つのグラフを見比べると，比例定数が大きくなるにつれて，グラフの開き方は，逆に小さくなり，形が細長くなっていきますね。このように，関数 $y=ax^2$（$a>0$）のグラフは，

a の値が大きくなるほど，グラフの開き方は小さくなります。

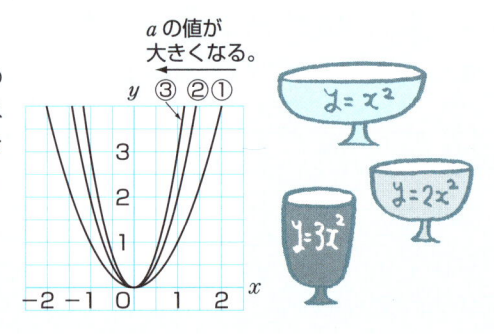

a の値が大きくなる。

<グラフから式を求めるには>
❶ グラフが通る点のうち，x座標，y座標がともに整数であるような点を見つける。
❷ ❶で見つけた点の座標を，$y=ax^2$に代入して，aの値を求める。
❸ yをxの式で表す。

基本練習 → 答えは別冊9ページ

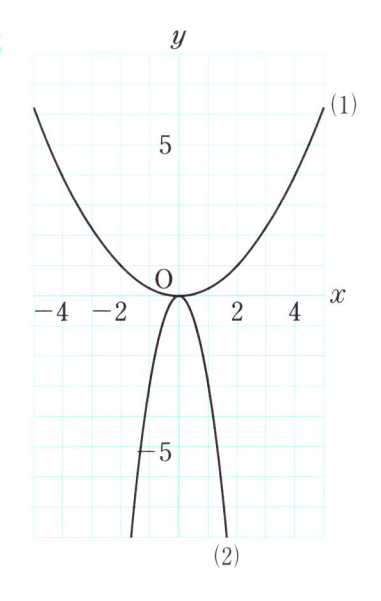

右の図の(1)，(2)のグラフは，yがxの2乗に比例する関数のグラフです。それぞれについて，yをxの式で表しましょう。

<左ページの問題の答え>
問題1 (1) $(1, 2)$, $2 = a \times 1^2$, $a = 2$, $y = 2x^2$
(2) $(2, -2)$, $-2 = a \times 2^2$, $a = -\frac{1}{2}$, $y = -\frac{1}{2}x^2$

比例定数見〜つけた！

関数 $y=ax^2$ の比例定数aは，xの値が1のときのyの値になりますね。
これは，グラフ上では，右の図のように，$x=1$ に対応するyの値です。
だから，グラフからこの値をよみとることができるときは，関数 $y=ax^2$ の式を簡単に求められますよ。

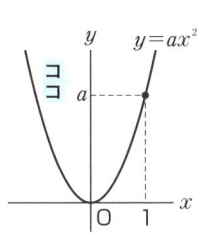

29 変域を求めよう

4章 関数 $y=ax^2$

関数 $y=ax^2$ の変域

x, y などの変数がとる値の範囲を**変域**といいましたね。
ここでは，関数 $y=ax^2$ の変域について調べてみましょう。

問題1 関数 $y=x^2$ で，x の変域が次のようなとき，y の変域を求めましょう。
(1) $1 \leq x \leq 3$　　　(2) $-1 \leq x \leq 3$

変域を調べるにはグラフが有効です。まず，関数 $y=x^2$ のグラフをかいてみます。

(1) 右のグラフで，$1 \leq x \leq 3$ に対応するのは ―― の部分
です。この x の変域に対応する y の値を調べると，

　　$x=1$ のとき，y は最小値 ☐

　　$x=$ ☐ のとき，y は最大値 ☐

をとります。

　　これより，y の変域は，☐ $\leq y \leq$ ☐ になります。
　　　　　　　　　　　　　↑yの最小値　↑yの最大値

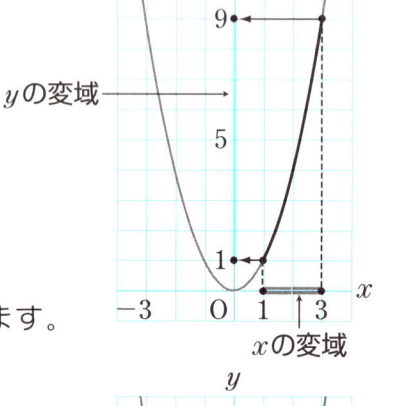

(2) 右のグラフで，$-1 \leq x \leq 3$ に対応する y の値を調べると，

　　$x=0$ のとき，y は最小値 ☐
　　<u>$x=-1$のとき$y=1$なので，
　　最小にはならない。</u>

　　$x=$ ☐ のとき，y は最大値 ☐

　　これより，y の変域は，☐ $\leq y \leq$ ☐ になります。

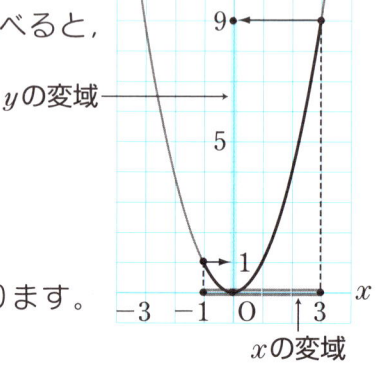

ステップアップ

グラフをかけばひと目でわかる！

関数 $y=ax^2$ の変域を求めるときは，まず，グラフを
かくことを心がけましょう。正確なグラフでなくても
およその形がわかるようなものでかまいません。
グラフを見れば，グラフの
　いちばん高いところに対応する y の値 → 最大値
　いちばん低いところに対応する y の値 → 最小値
になることがひと目でわかりますね。

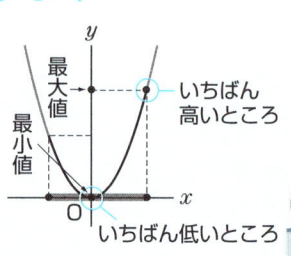

<関数 $y=ax^2$ の変域の求め方>
❶ 関数 $y=ax^2$ のグラフをかく。(グラフはおよその形がわかればよい。)
❷ x の変域に対応するグラフの部分を調べ，その部分に対応する y の値の最小値と最大値を見つける。
❸ y の変域は，(y の最小値)≦y≦(y の最大値)になる。

基本練習　→答えは別冊9ページ

関数 $y=-\dfrac{1}{2}x^2$ で，x の変域が次のようなとき，y の変域を求めましょう。

(1) $2 \leqq x \leqq 4$

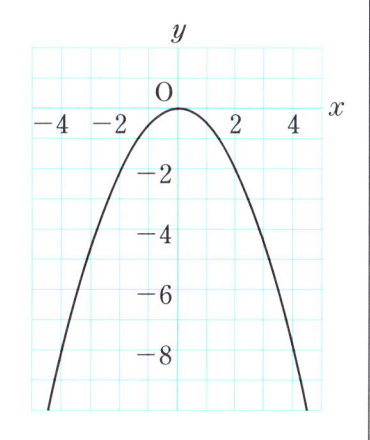

(2) $-4 \leqq x \leqq 2$

<左ページの問題の答え>
問題1 (1) y は最小値1，$x=3$ のとき，y は最大値9，$1 \leqq y \leqq 9$
　　　(2) y は最小値0，$x=3$ のとき，y は最大値9，$0 \leqq y \leqq 9$

x の変域に0をふくめば，y の最大値または最小値が0！

関数 $y=ax^2$ で，x の変域に0をふくむときは，y の変域は次のようになります。
$a>0$ ならば，$0 \leqq y \leqq$ (y の最大値)　　$a<0$ ならば，(y の最小値)≦y≦0

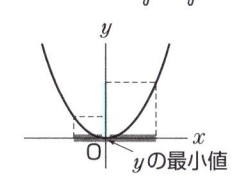

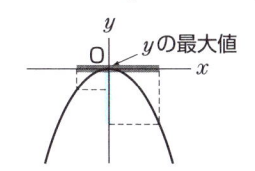

ステップアップ

30 変化の割合を求めよう

4章 関数 $y=ax^2$　　　変化の割合

1次関数 $y=ax+b$ では，変化の割合は一定で，☐ の値に等しかったですね。
では，関数 $y=ax^2$ の変化の割合はどのようになるでしょうか。

問題1 関数 $y=x^2$ で，x の値が次のように増加するときの変化の割合を求めましょう。
(1) 1から3まで　　(2) −4から−2まで

(1) 変化の割合は，右の式で求められます。

変化の割合 $= \dfrac{y \text{の増加量}}{x \text{の増加量}}$

x の増加量は，$3 - \boxed{} = \boxed{}$

$x=1$ のとき，$y = \boxed{}$，$x=3$ のとき，$y = \boxed{}$

だから，y の増加量は，$\boxed{} - \boxed{} = \boxed{}$

したがって，変化の割合は，$\dfrac{\boxed{}}{\boxed{}} = \boxed{}$

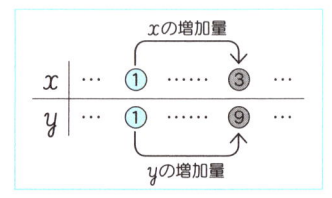

← (1)と(2)の変化の割合は同じではない。

(2) 今度は，1つの式に表して計算してみましょう。

$\dfrac{(\boxed{})^2 - (\boxed{})^2}{-2 - (\boxed{})} = -\dfrac{\boxed{}}{\boxed{}} = \boxed{}$

関数 $y=ax^2$ の変化の割合は，x がどの値からどの値まで増加するかによって異なり，一定ではありません。

ステップアップ

変化の割合はグラフのどこにあらわれる？

関数 $y=x^2$ で，x の値が1から3まで増加するときの変化の割合は4になりましたね。
この変化の割合が，グラフ上ではどこにあらわれるか考えてみましょう。
右の図のように，関数 $y=x^2$ のグラフ上に，x 座標が1の点Aと x 座標が3の点Bをとり，2点A，Bを結ぶ直線をひきます。
この直線ABの傾きを求めると，$\dfrac{9-1}{3-1} = 4$ となりますね。
あれ？ 関数 $y=x^2$ の変化の割合と等しくなりました。実は，x の値が1から3まで増加するときの変化の割合は，直線ABの傾きを表しているのです。

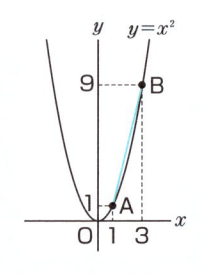

<関数 $y=ax^2$ の変化の割合>

関数 $y=ax^2$ では，x がどの値からどの値まで増加するかによって変化の割合も異なってきます。

したがって，関数 $y=ax^2$ の **変化の割合は一定ではありません。**

基本練習　→答えは別冊10ページ

関数 $y=2x^2$ で，x の値が次のように増加するときの変化の割合を求めましょう。

(1) 1から4まで

(2) −5から−3まで

<左ページの問題の答え>
a の値
問題1 (1) $3-1=2$, $y=1$, $y=9$, $9-1=8$, 変化の割合は，$\frac{8}{2}=4$
(2) $\frac{(-2)^2-(-4)^2}{-2-(-4)} = -\frac{12}{2} = -6$

関数 $y=ax^2$ は増えたり減ったり

関数 $y=ax^2$ のグラフから，y の値の増減について次のことがいえます。

● $a>0$ のとき

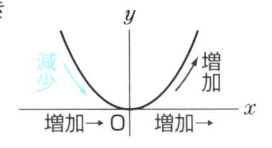

$x \leqq 0$ の範囲では，x が増える→y は減る。
$x \geqq 0$ の範囲では，x が増える→y も増える。

● $a<0$ のとき

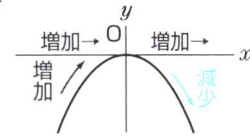

$x \leqq 0$ の範囲では，x が増える→y も増える。
$x \geqq 0$ の範囲では，x が増える→y は減る。

放物線と直線

4章 関数 $y=ax^2$

関数 $y=ax^2$ のグラフを放物線，関数 $y=ax+b$ のグラフを直線といいましたね。
ここでは，放物線と直線を組み合わせた問題の解き方を考えてみましょう。
これまで学習してきた関数の知識をフル活用しますよ。

→ 問題の答えは73ページ

右の図のように，放物線 $y=\dfrac{1}{2}x^2$ と直線 ℓ が2点A，Bで交わっています。点Aの x 座標は -2，点Bの x 座標は4です。

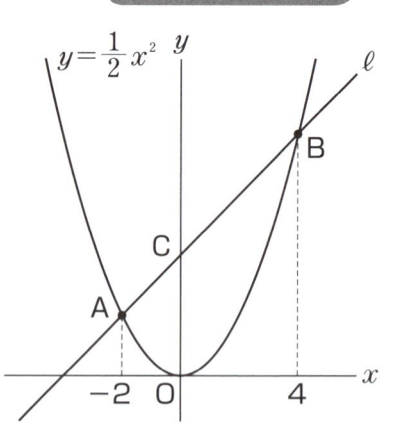

問題1 3点O，A，Bを結んでできる△OABの面積を求めましょう。

さて，どこから手をつければよいか迷いますね。
まず，どのような手順で△OABの面積を求めていけばよいか，おおまかにイメージしてみましょう。
次のように，ちょっとくふうすると，底辺や高さが簡単に求められますよ。

　△OABは，<u>y軸で△OACと△OBCに分ける</u>ことができます。
　△OACで，OCを底辺とみると，高さはAHになります。同じように，△OBCも，OCを底辺とみると，高さはBKになります。

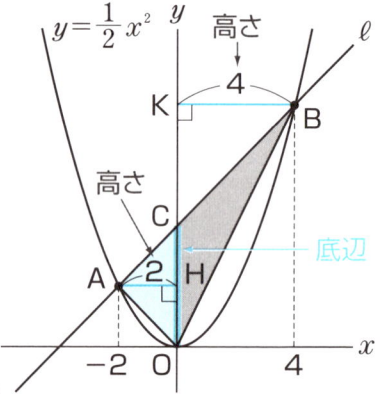

AHの長さは ［ア］，BKの長さは ［イ］ となる
　　　　　　　↑点Aのx座標の絶対値　　↑点Bのx座標の絶対値

ので，あとは底辺OCの長さがわかればいいですね。

点Cの y 座標は，直線 ℓ の ［ウ］ ですね。そこで，直線 ℓ の式を求めることにします。

点Aの座標は $\left(-2,\ ［エ］\right)$，点Bの座標は $\left(4,\ ［オ］\right)$ ← 点A，Bは放物線上の点だから，それぞれの x 座標を $y=\dfrac{1}{2}x^2$ に代入して，y 座標を求める。

直線 ℓ の式を $y=ax+b$ とおくと，
$\begin{cases} ［カ］ = ［キ］a+b & \cdots\cdots① \leftarrow 点Aの座標を代入 \\ ［ク］ = ［ケ］a+b & \cdots\cdots② \leftarrow 点Bの座標を代入 \end{cases}$

①，②を連立方程式として解くと，$a=［コ］$，$b=［サ］$

したがって，直線 ℓ の式は，$y=$ [シ]

OCの長さは，直線 ℓ の切片から，OC= [ス]

さあ！ これで知りたかった底辺の長さと高さがわかりましたね。
では，△OABの面積を求めましょう。

$$\triangle OAB = \frac{1}{2} \times \boxed{\text{セ}}_{\text{底辺}} \times \boxed{\text{ソ}}_{\text{高さ}} + \frac{1}{2} \times \boxed{\text{タ}}_{\text{底辺}} \times \boxed{\text{チ}}_{\text{高さ}} = \boxed{\text{ツ}}$$

　　　　　　　　　　△OACの面積　　　　　　　△OBCの面積

問題2　点Oを通り，△OABの面積を2等分する直線の式を求めましょう。

まず，三角形の面積を2等分する直線とはどんな直線でしょうか。

右の図で，点Pを通り，△PQRの面積を2等分する直線は，辺QRの中点Mを通ります。

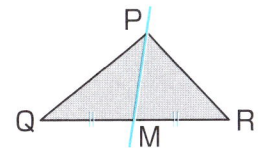

つまり，求める直線は，点Oと線分ABの中点を通る直線になります。

まず，線分ABの中点の座標を求めます。

2点(a, b), (c, d)の中点の座標
$\left(\dfrac{a+c}{2}, \dfrac{b+d}{2}\right)$

線分ABの中点をMとすると，点Mの座標は，

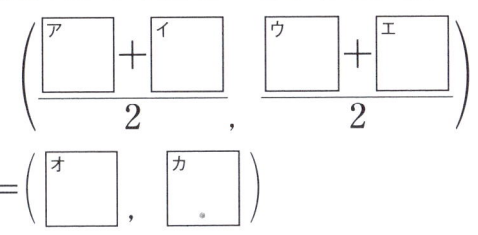

$$\left(\dfrac{\boxed{\text{ア}}+\boxed{\text{イ}}}{2}, \dfrac{\boxed{\text{ウ}}+\boxed{\text{エ}}}{2}\right) = \left(\boxed{\text{オ}}, \boxed{\text{カ}}\right)$$

求める式を $y=px$ とおき，この式に点Mの座標を
（原点を通る直線→比例の式）

代入すると，$\boxed{\text{キ}} = p \times \boxed{\text{ク}}$，$p = \boxed{\text{ケ}}$

したがって，直線の式は，$y = $ [コ]

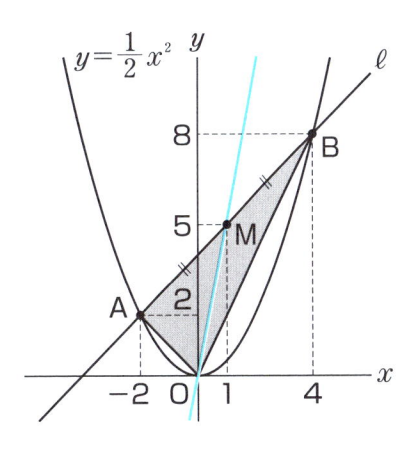

＜72〜73ページの問題の答え＞

問題1 ア 2　イ 4　ウ 切片　エ 2　オ 8　カ 2　キ −2　ク 8　ケ 4　コ 1
サ 4　シ $x+4$　ス 4　セ 4　ソ 2　タ 4　チ 4　ツ 12

問題2 ア −2　イ 4　ウ 2　エ 8　オ 1　カ 5　キ 5　ク 1　ケ 5　コ $5x$

復習テスト

4章 関数 $y=ax^2$

答えは別冊10ページ
得点 /100点

1
次のことがらのうち，y が x の2乗に比例するものはどれですか。すべて選び，記号で答えましょう。 【10点】

ア 縦が x cm，横が $(x+5)$ cm の長方形の面積を y cm² とします。
イ 半径が x cm の円の面積を y cm² とします。
ウ 1辺が x cm の立方体の体積を y cm³ とします。
エ 底面が1辺 x cm の正方形で，高さが5 cm の正四角錐の体積を y cm³ とします。

2
次の問いに答えましょう。 【各10点 計20点】

(1) y は x の2乗に比例し，$x=3$ のとき $y=36$ です。y を x の式で表しましょう。

(2) y は x の2乗に比例し，$x=6$ のとき $y=-12$ です。$x=-3$ のときの y の値を求めましょう。

3
次のグラフをかきましょう。 【各10点 計20点】

(1) $y=\dfrac{1}{2}x^2$

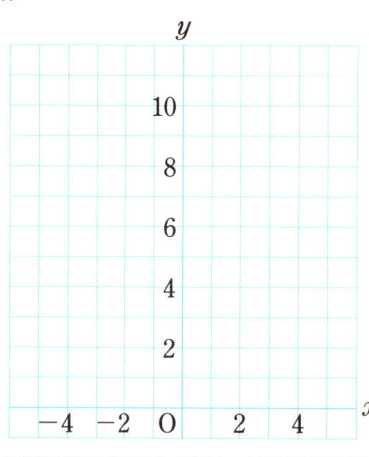

(2) $y=-\dfrac{1}{3}x^2$

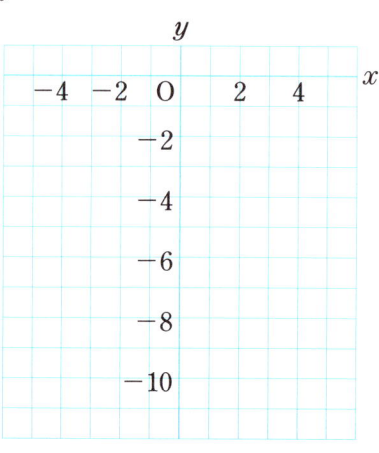

4 関数 $y=-2x^2$ について，次の問いに答えましょう。 【各10点　計20点】

(1) x の変域が $-2 \leq x \leq 3$ のとき，y の変域を求めましょう。

(2) x の値が 1 から 5 まで増加するときの変化の割合を求めましょう。

5 右の図のように，放物線 $y=ax^2$ と直線 $y=x-6$ が 2 点 A，B で交わっています。点 A，B の x 座標がそれぞれ -3，2 であるとき，次の問いに答えましょう。

【(1)各5点，(2)(3)各10点　計30点】

(1) 点 A，B の座標を求めましょう。

(2) a の値を求めましょう。

(3) △OAB の面積を求めましょう。

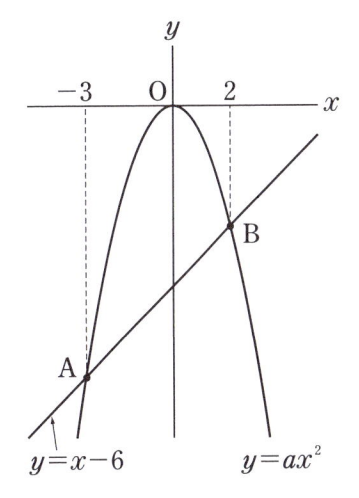

x 軸について対称なグラフ

右の図は，関数 $y=x^2$ と $y=-x^2$ のグラフです。2つのグラフをあわせた図形は，x 軸を対称の軸として線対称な形になっていますね。
これを，「$y=x^2$ と $y=-x^2$ のグラフは，x 軸について対称である」といいます。
また，同じような関係が，$y=2x^2$ と $y=-2x^2$ のグラフや，$y=\frac{1}{2}x^2$ と $y=-\frac{1}{2}x^2$ のグラフについても成り立ちます。

このように，**関数 $y=ax^2$ と $y=-ax^2$ のグラフは，x 軸について対称**になります。
　　　　　　　↑　　　　　↑
　　　　　絶対値が等しく，符号が反対

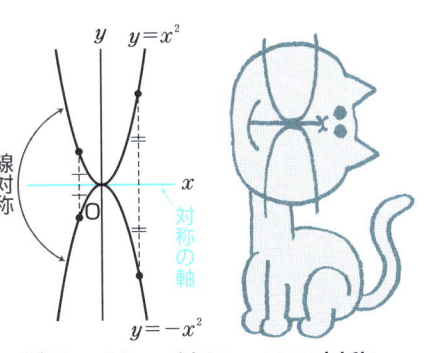

ステップアップ

31 相似とは？

5章 図形の性質　　　相似な図形

形も大きさも同じ図形を**合同**といいましたね。一方，**形は同じで大きさのちがう図形**を**相似**といいます。相似な図形について考えていきましょう。

問題1 右の図の2つの四角形は相似です。次の□にあてはまるものを書きましょう。

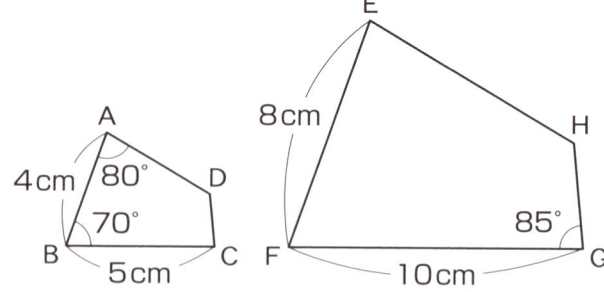

(1) ∠Aに対応する角は∠□ です。

相似な図形は，形が同じなので，**対応する角の大きさは等しくなります。**

よって，∠E = □ °です。

同じように考えて，∠F = □ °，∠C = □ °です。

(2) 辺ABに対応する辺は辺EFで，AB：EF = 4：□ = 1：□　←できるだけ簡単な整数の比で表す。

また，BC：FG = 5：□ = 1：□

相似な図形では，**対応する辺の長さの比は，すべて等しくなります。**

よって，CD：GH = □ ，DA：HE = □ になります。

この対応する辺の長さの比を**相似比**といいます。←四角形ABCDと四角形EFGHの相似比は1：2

(3) 2つの四角形が相似であることを，記号∽を使って，□ と書きます。
　↑合同の記号「≡」とまちがえないように。　対応する頂点の順に書く。

比の性質を覚えよう！

ステップアップ

相似比を使って，辺の長さを求めるときは，次の比の性質を利用します。

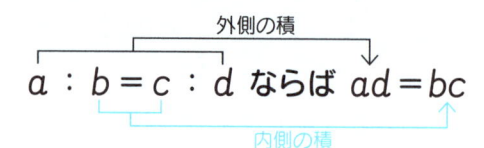

外側の積
$a:b = c:d$ ならば $ad = bc$
内側の積

例 $x:3 = 6:9$, $x \times 9 = 3 \times 6$, $9x = 18$, $x = 2$

<相似な図形の性質>
・対応する辺の長さの比は、すべて等しい。（対応する辺の長さの比を**相似比**といいます。）
・対応する角の大きさは、それぞれ等しい。

基 本 練 習   → 答えは別冊10ページ

右の図で、△ABC と △DEF は相似です。次の問いに答えましょう。

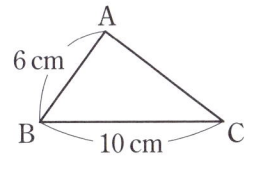

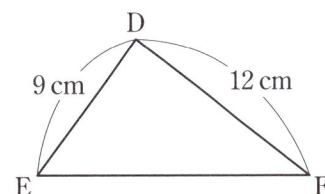

（AB=6cm, BC=10cm, DE=9cm, DF=12cm）

(1) △ABC と △DEF の相似比を求めましょう。

(2) 辺 EF の長さは何 cm ですか。

(3) 辺 AC の長さは何 cm ですか。

<左ページの問題の答え>
問題1 (1) ∠E、∠E＝80°、∠F＝70°、∠C＝85°
(2) 4：8＝1：2、5：10＝1：2、1：2、1：2
(3) 四角形ABCD∽四角形EFGH

比の値とは？

比 $a:b$ で、a を b でわった値 $\dfrac{a}{b}$ を $a:b$ の **比の値** といいます。

この比の値を使って、相似比を表すこともできます。
たとえば、△ABCと△DEFの相似比は 2：3
　　　↓
△ABCの△DEFに対する相似比は $\dfrac{2}{3}$

といいかえることができます。

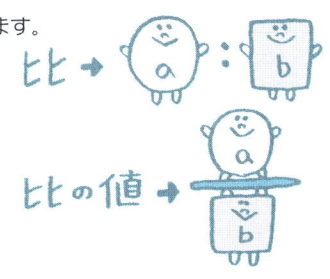

ステップアップ

32 三角形が相似になるためには

5章 図形の性質　　三角形の相似条件

　三角形の合同条件は3つありましたね。2つの三角形が相似になるための条件，すなわち，**三角形の相似条件**も3つあります。
　では，三角形の相似条件をまとめていきましょう。

> **問題1**　△ABCと△DEFは，次の条件のうちのどれかが成り立てば相似です。図を見て，☐にあてはまることばや記号を書きましょう。

❶　☐組の　☐の比が等しい。

　　AB：DE＝BC：☐

　　＝☐：FD

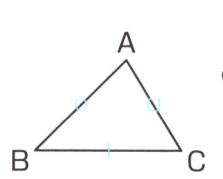

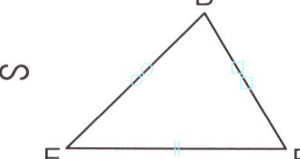

❷　☐組の　☐の比とその間の　☐がそれぞれ等しい。

　　AB：DE＝☐：☐

　　∠B＝∠☐

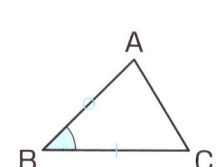

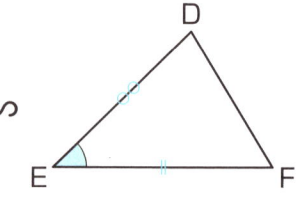

❸　☐組の　☐がそれぞれ等しい。

　　∠B＝∠☐，∠☐＝∠F

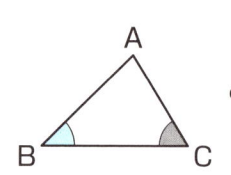

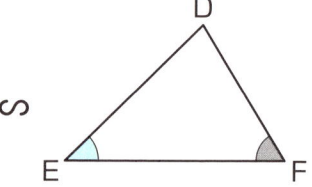

ステップアップ

合同条件と相似条件

三角形の合同条件と相似条件はよく似ていますね。
混同しやすいので，それぞれをしっかり区別して正確に覚えておきましょう。

三角形の合同条件
❶ **3辺** がそれぞれ等しい。
❷ **2辺とその間の角** がそれぞれ等しい。
❸ **1辺とその両端の角** がそれぞれ等しい。

三角形の相似条件
❶ **3組の辺の比** が等しい。
❷ **2組の辺の比とその間の角** がそれぞれ等しい。
❸ **2組の角** がそれぞれ等しい。

<三角形の相似条件>
❶ 3組の辺の比が等しい。
❷ 2組の辺の比とその間の角がそれぞれ等しい。
❸ 2組の角がそれぞれ等しい。

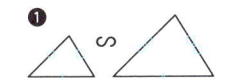

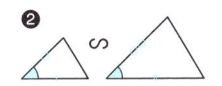

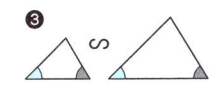

基本練習 →答えは別冊10ページ

下の図で，相似な三角形の組を選び，記号で答えましょう。
また，そのときに使った三角形の相似条件も書きましょう。

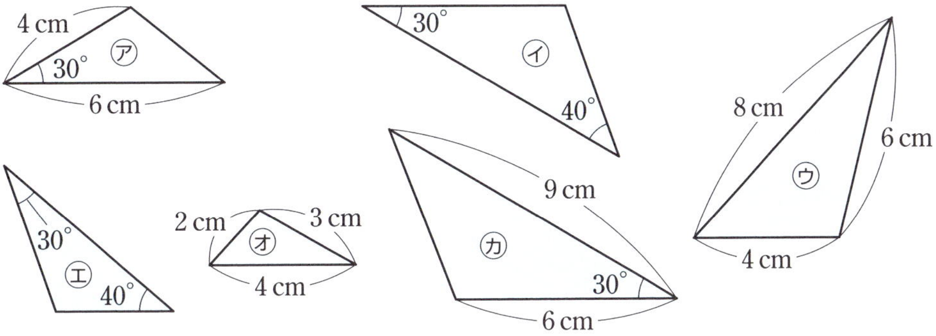

㋐ 4cm, 30°, 6cm
㋑ 30°, 40°
㋒ 8cm, 6cm, 4cm
㋓ 30°, 40°
㋔ 2cm, 3cm, 4cm
㋕ 9cm, 30°, 6cm

相似な三角形	三角形の相似条件
□と□ →	
□と□ →	
□と□ →	

<左ページの問題の答え>
問題1
❶ 3組の辺の比が等しい。EF，CA
❷ 2組の辺の比とその間の角がそれぞれ等しい。BC：EF，∠E
❸ 2組の角がそれぞれ等しい。∠B＝∠E，∠C＝∠F

残りの角の大きさも調べよう！

右の図の2つの三角形は相似でしょうか？
「2組の角が等しくないから，相似じゃないよ！」と早とちりしてはいけませんよ。
「三角形の内角の和は180°である」ことを使って，残りの角の大きさを調べてみましょう。

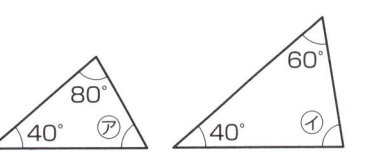

㋐の角…180°−(80°＋40°)＝60°, ㋑の角…180°−(60°＋40°)＝80°
あれ？ 3つの角の大きさがどれも等しくなっていますね。だから，この2つの三角形は相似になります。

ステップアップ

33 三角形の相似を証明しよう

5章 図形の性質 — 三角形の相似の証明

中2で学習した三角形の合同の証明のしかたを思い出しましょう。

三角形の相似の証明も，その流れは合同の証明とよく似ています。辺の長さや角の大きさの関係から，三角形の相似条件を導くことがポイントです。

問題1 右の図で，点Oは線分ACとBDの交点です。AD∥BCのとき，△AOD∽△COBであることを証明しましょう。

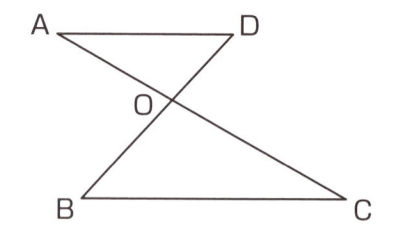

平面図形の角の性質を利用します。

（証明）　△AODと△COBにおいて，

　　　　[　対頂角　]　は等しいから，

　　　　∠AOD＝∠[　COB　]　……①

　　　　AD∥BCで，[　錯角　]は等しいから，

　　　　∠DAO＝∠[　BCO　]　……②　←∠ADO＝∠CBOを示すこともできる。

　　　　①，②から，[　2組の角　]がそれぞれ等しいので，
　　　　　　　　　　　↑三角形の相似条件

　　　　△AOD∽△[　COB　]

ステップアップ

証明とは？

証明とは，あることがらが成り立つことを，すでに正しいと認められたことがらを根拠として，すじ道を立てて説明することでしたね。

証明の流れは，仮定から出発して，定義や定理，性質を根拠としながら，結論を導きます。

仮定 → 根拠となることがら → 結論

<三角形の相似の証明の流れ>
① 相似であることを証明する2つの三角形を示す。→(例)「△ABCと△DEFにおいて」
② 与えられた条件や，すでにわかっている定義，定理，性質から，等しい辺の比や角を示す。
③ ②から，三角形の相似条件を導く。
④ 2つの三角形が相似であることを示す。→(例)「△ABC∽△DEF」

基本練習 →答えは別冊11ページ

右の図で，点Oは線分ACとBDの交点です。
△AOD∽△COB であることを証明します。
次の_____にあてはまるものを書きましょう。

(証明)

_____と_____において，

　　AO：CO＝6：____＝____

　　DO：BO＝____：6＝

よって，AO：CO＝_____ ……①

_____は等しいから，

_____＝_____ ……②

①，②から，_____がそれぞれ

等しいので，_____

<左ページの問題の答え>
問題1 対頂角，∠COB，錯角，∠BCO，
2組の角がそれぞれ等しい，△COB

「3組の辺の比が等しい」を使って

下の図で，点Oは線分ACとBDの交点です。△AOD∽△COBであることを証明しましょう。

(証明)△AODと△COBにおいて，
　　AD：CB＝8：12＝2：3
　　AO：CO＝6：9＝2：3
　　DO：BO＝4：6＝2：3
よって，AD：CB＝AO：CO＝DO：BO
3組の辺の比が等しいので，△AOD∽△COB

34 平行線と比

5章 図形の性質　　平行線と線分の比

今回は,「平行線によって切り取られる線分の比」についての学習です。…と,ことばでいわれてもピンときませんね。問題を解きながら考えていきましょう。

問題1
右の図で,点D,Eはそれぞれ辺AB,AC上の点で,DE∥BCです。
(1) ACの長さは何cmですか。
(2) DEの長さは何cmですか。

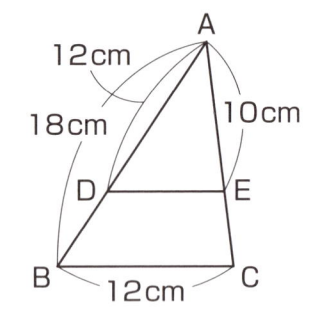

平行線と線分の比の定理

△ABCの辺AB, AC上の点をそれぞれD, Eとするとき,
DE∥BC ならば
AD:AB=AE:AC=DE:BC

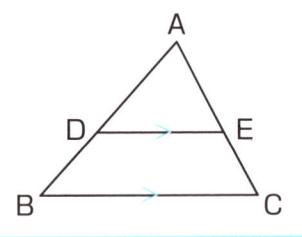

(1) AD:AB=AE:ACより,

12:18=□:AC

□ AC=□
外側の積　=　内側の積

AC=□(cm)

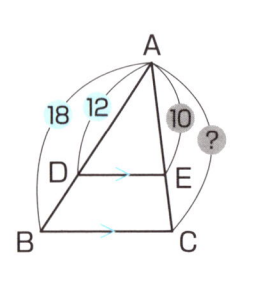

(2) AD:AB=DE:BCより,

12:18=DE:□

□=□DE

DE=□(cm)

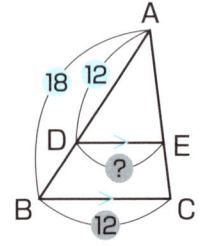

上の定理の逆

△ABCの辺AB, AC上にそれぞれ点D, Eがあり,
AD:AB=AE:AC ならば
DE∥BC
も成り立ちます。

ステップアップ

もうひとつの定理

△ABCの辺AB, AC上の点をそれぞれD, Eとするとき,次のことが成り立ちます。

❶ DE∥BC ならば
　AD:DB=AE:EC
❷ AD:DB=AE:EC ならば
　DE∥BC

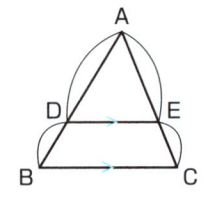

<平行線と線分の比の定理>

△ABCの辺AB, AC上の点をそれぞれD, Eとするとき,
DE//BC ならば AD：AB＝AE：AC＝DE：BC

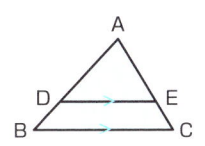

基本練習　→答えは別冊11ページ

次の図で，DE//BC です。x, y の値を求めましょう。

(1)
- AD = 12 cm
- AB = 20 cm (AD+DB, so DB part shown)
- AE = 9 cm
- EC = x cm
- DE = y cm
- BC = 10 cm

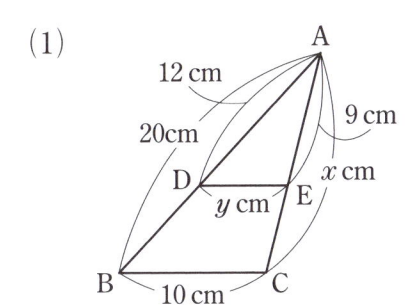

(2)
- ED = 6 cm
- EA = y cm
- AD = 5 cm
- AC = 6 cm
- BA = x cm
- BC = 12 cm

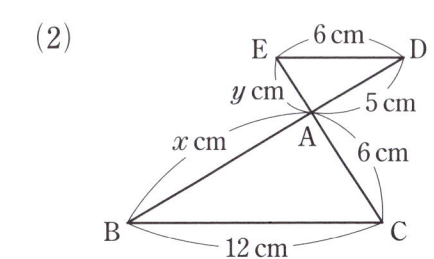

<左ページの問題の答え>

問題1 (1) 12：18＝10：AC, 12AC＝180, AC＝15 (cm)
　　　(2) 12：18＝DE：12, 144＝18DE, DE＝8 (cm)

補助線を使って

右の図のように，平行な3つの直線 l, m, n に2つの直線がそれぞれ交わるとき，AB：BC＝A'B'：B'C' になります。

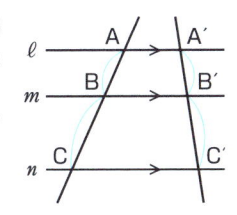

(証明) 点Aを通り，A'C' に平行な直線をひき，m, n との交点をD, Eとすると,
AB：BC＝AD：DE …①
四角形ADB'A'，DEC'B' はどちらも平行四辺形だから,
AD＝A'B', DE＝B'C' …②
①，②から，AB：BC＝A'B'：B'C'

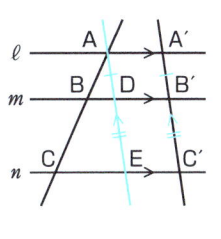

ステップアップ

35 中点連結定理とは？

5章 図形の性質 / 中点連結定理

三角形の2つの辺の中点を結ぶ線分が登場したら，**中点連結定理**の出番ですよ。では，中点連結定理について考えていきましょう。

問題1 右の図で，点D，Eはそれぞれ辺AB，ACの中点です。
(1) ∠ADEの大きさは何度ですか。
(2) 線分DEの長さは何cmですか。

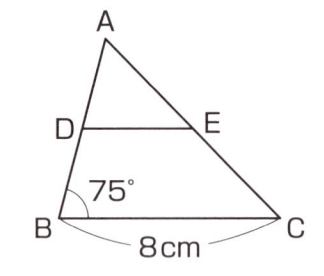

中点連結定理
△ABCの2辺AB，ACの中点をそれぞれM，Nとするとき，

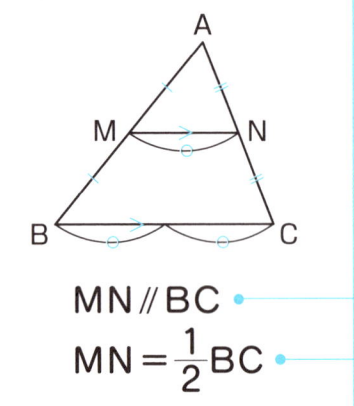

MN∥BC
MN＝$\frac{1}{2}$BC

点D，Eはそれぞれ辺AB，ACの中点だから，中点連結定理が利用できます。

(1) DE ☐ BCだから，☐ は等しくなります。
　　　　　　　　　　　　↑同位角？錯角？

　よって，∠ADE＝∠ ☐ ＝ ☐ °
　　　　　　　　　　　↑∠ADEの同位角は？

(2) DE＝ ☐ BCだから，

　DE＝ ☐ × ☐ ＝ ☐ （cm）
　　　　　　↑辺BCの長さ

ステップアップ

中点連結定理は1：2がポイント！

中点連結定理と82ページで学習した定理を比べてみましょう。
中点連結定理は，「点D，Eがそれぞれ辺AB，ACの中点」という特別な場合のときに成り立つ定理です。
AD：AB＝AE：AC（＝1：2）だから，
　DE∥BC
△ADE∽△ABCで，相似比は1：2だから，
　DE＝$\frac{1}{2}$BC になりますね。

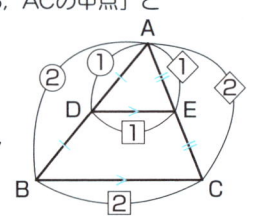

チューテン

<中点連結定理>

△ABCの2辺AB，ACの中点をそれぞれM，Nとするとき，

MN∥BC，MN＝$\frac{1}{2}$BC

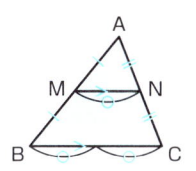

基本練習　→答えは別冊11ページ

右の図の△ABCで，点D，E，Fはそれぞれ辺 AB，BC，CA の中点です。次の問いに答えましょう。

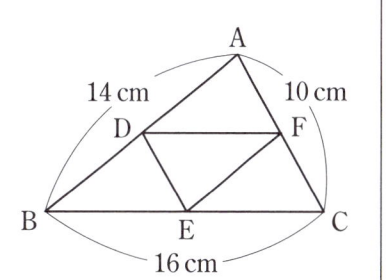

(1) △DEFの周の長さは何 cm ですか。

(2) ∠ABCと等しい角をすべて答えましょう。

<左ページの問題の答え>
問題1 (1) DE∥BC，同位角，∠ABC(∠B)＝75°
(2) DE＝$\frac{1}{2}$BC，DE＝$\frac{1}{2}$×8＝4(cm)

対角線をひいて中点連結定理！

右の図の台形ABCDで，点Eは辺ABの中点，AD∥EF∥BCです。線分EFの長さを求めましょう。

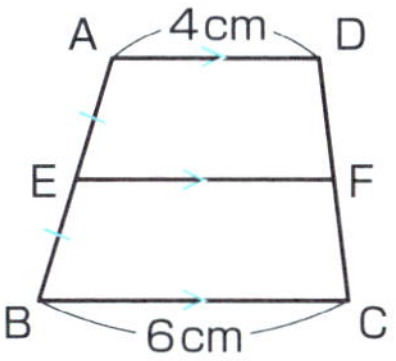

対角線ACをひき，EFとの交点をGとすると，点GはACの中点です。
△ABCで，中点連結定理より，
EG＝$\frac{1}{2}$BC＝$\frac{1}{2}$×6＝3(cm)
△ACDで，中点連結定理より，
GF＝$\frac{1}{2}$AD＝$\frac{1}{2}$×4＝2(cm)
よって，EF＝EG＋GF＝3＋2＝5(cm)

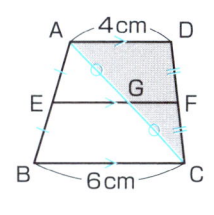

相似な図形の面積の比　5章　図形の性質

相似な図形では，対応する辺の長さの比はすべて等しくなり，この比を相似比といいましたね。
では，相似な図形の面積の比はどのようになるでしょうか？
実は，面積の比と相似比は同じではありませんが，この2つの比には特別な関係がありますよ。

→ 問題の答えは87ページ

相似な三角形の面積の比

まず，2つの相似な三角形の面積の比を調べてみます。

右の図の△ABCと△DEFは相似で，相似比は1：2です。

△ABCの底辺BCをa，高さをhとすると，△DEFの底辺EFは ア ，高さは イ になります。

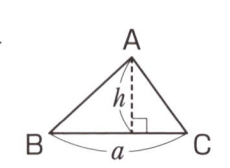

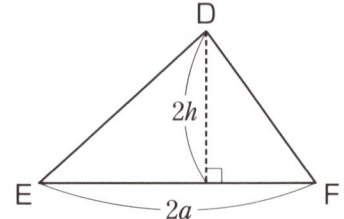

さあ！　これで準備は整いました。それぞれの三角形の面積の比を求めてみましょう。

$$\underline{\triangle ABC} = \frac{1}{2} \times a \times h = \frac{1}{2}ah$$
↑ △ABCの面積を表す。

$$\triangle DEF = \frac{1}{2} \times \boxed{ウ} \times \boxed{エ} = \boxed{オ}$$
　　　　　　↑底辺　↑高さ

よって，△ABC：△DEF $= \frac{1}{2}ah : \boxed{カ} = 1 : \boxed{キ}$　←できるだけ簡単な整数の比に直す。

さらに，$1 : \boxed{ク} = 1^2 : \boxed{ケ}^2$ と表せます。

この面積の比と相似比1：2を比べてみましょう。

面積の比は，相似比の コ 乗になっていますね。

つまり，**相似な三角形の面積の比は，相似比の2乗になります。**

問題1　上の△ABCの面積が6cm²のとき，△DEFの面積を求めましょう。

△ABC：△DEF ＝ ア ： イ だから，

6：△DEF ＝ ウ ： エ ，△DEF ＝ オ （cm²）

相似な図形の面積の比

続いて、三角形以外の図形の面積についても調べてみます。

右の図で、五角形ABCDEと五角形FGHIJは相似で、相似比は1：2です。五角形ABCDEと五角形FGHIJの面積の比はどうなるでしょうか？

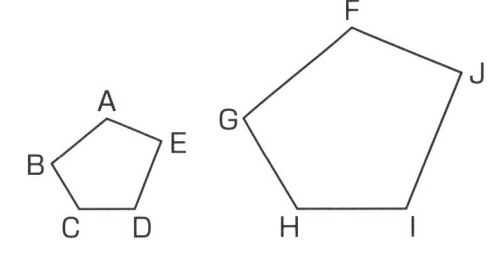

左ページで調べた「相似な三角形の面積の比は、相似比の2乗になる」ことを利用したいですよね。そこで、2つの五角形を、右の図のように、対角線で3つの三角形に分けて考えます。

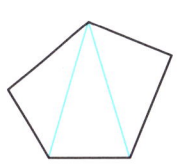

まず、三角形PとP'の面積を比べます。

三角形PとP'は相似で、相似比は1：2だから、面積の比は ア : イ です。← 相似な三角形の面積の比は相似比の2乗

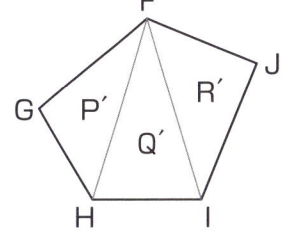

つまり、P'の面積はPの面積の4倍になります。

このことをP'の面積をP'、Pの面積をPとして、式で表すと、P' = ウ P

同じように考えて、Q' = エ Q、R' = オ R

では、2つの五角形の面積を、それぞれP、Q、Rを使って表してみましょう。

五角形ABCDE = P + Q + R ← 3つの三角形の面積の和

五角形FGHIJ = P' + Q' + R' = 4P + カ Q + キ R = ク (P + Q + R)

よって、五角形ABCDE：五角形FGHIJ = 1 : ケ = 1^2 : コ^2

2つの五角形の面積の比は、相似比の2乗になりましたね。

以上から、相似な図形の面積の比について、次のことが成り立ちます。

> 相似な平面図形の面積の比は、**相似比の2乗**に等しい。

<86〜87ページの問題の答え>

86ページ　ア 2a　イ 2h　ウ 2a　エ 2h　オ 2ah　カ 2ah　キ 4　ク 4　ケ 2　コ 2

問題1　ア 1　イ 4　ウ 1　エ 4　オ 24

87ページ　ア 1　イ 4　ウ 4　エ 4　オ 4　カ 4　キ 4　ク 4　ケ 4　コ 2

相似な立体の体積の比

5章　図形の性質

立体についても，平面図形と同じように，相似の関係が考えられます。
今回は，相似な立体の相似比と体積の比との関係について学習していきますよ。
まずは，相似な立体とはどのようなものなのかの説明からスタートしますよ。

→ 問題の答えは89ページ

　右の2つの直方体あといを見比べてみましょう。

　いの縦，横，高さは，それぞれあの縦，横，高さの2倍になっていますね。
（2a, 2b, 2c ↔ a, b, c）

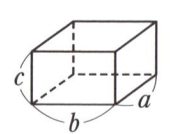

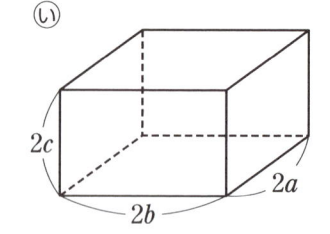

　このように，ひとつの立体を，一定の割合で大きくしたり，または，小さくしたりしてできた立体を，もとの立体と相似であるといいます。

直方体あといは相似で，相似比は1：2です。
対応する辺の比→ $a:2a = b:2b = c:2c = 1:2$

では，直方体あといの体積の比を調べてみます。

まず，それぞれの直方体の体積を求めると，

あの体積 = $a \times b \times c =$ 　ア　

いの体積 = $2a \times$ 　イ　 $\times$ 　ウ　 $=$ 　エ　
（縦×横×高さ）

よって，あの体積といの体積の比は，

$abc :$ 　オ　 $= 1 :$ 　カ　 $= 1^3 :$ 　キ　^{3}

面積の比と相似比を比べたように，この体積の比と相似比1：2を比べてみます。

体積の比は，相似比の 　ク　 乗になっていますね。

つまり，相似な直方体の体積の比は，相似比の 　ケ　 乗になります。

また，このことは，直方体だけではなくすべての立体についてもいえるので，相似な立体の体積の比について，次のことが成り立ちます。

> 相似な立体の体積の比は，**相似比の3乗**に等しい。

それでは，少々ややこしい問題を解いていきましょう。

問題1 右の図のように，円錐を底面に平行な2つの平面で，高さが3等分されるように，3つの立体P，Q，Rに分けます。立体P，Q，Rの体積の比を求めましょう。

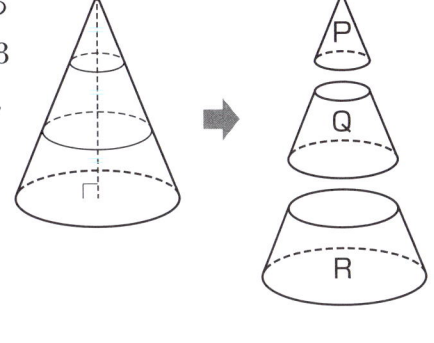

立体P，Q，Rは相似ではありませんね。
そこで，「相似な立体の体積の比」が使えるように，相似な立体を探すことから始めます。

右の図のような3つの円錐を考えます。
　　円錐㋒…立体P
　　円錐㋓…立体PとQをあわせたもの
　　円錐㋔…立体PとQとRをあわせたもの
これらは，どれも相似な円錐になります。
この3つの円錐で体積の比が利用できますね。

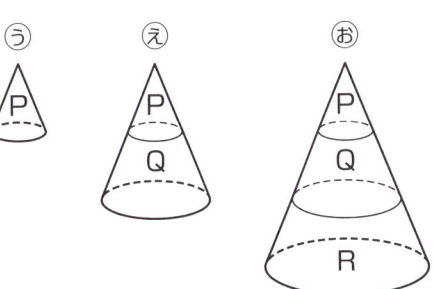

円錐㋒，㋓，㋔は相似な立体で，相似比は，1 : ［ア］ : ［イ］
　　　　　　　　　　　　　　　　　　　　　　高さの比になる

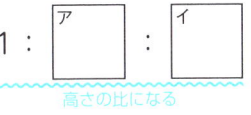

よって，㋒，㋓，㋔の体積の比は，1^3 : ［ウ］^{3} : ［エ］^{3} ＝ 1 : ［オ］ : ［カ］

この体積の比を使って，立体P，Q，Rの体積の比を求めます。
①まず，立体Pの体積はそのまま1とします。
②立体Qは，㋓から㋒を取り除いたものだから，その体積は，

［キ］ － ［ク］ ＝ ［ケ］

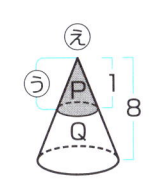

③立体Rは，㋔から㋓を取り除いたものだから，その体積は，

［コ］ － ［サ］ ＝ ［シ］

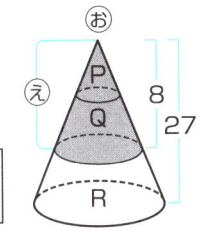

したがって，立体P，Q，Rの体積の比は，1 : ［ス］ : ［セ］ になります。

＜88〜89ページの問題の答え＞
　ア abc　イ 2b　ウ 2c　エ 8abc　オ 8abc　カ 8　キ 2　ク 3　ケ 3
問題1 ア 2　イ 3　ウ 2　エ 3　オ 8　カ 27　キ 8　ク 1　ケ 7　コ 27　サ 8
　　　　シ 19　ス 7　セ 19

089

36 三平方の定理とは？

5章 図形の性質 / 三平方の定理

直角三角形の3つの辺の長さの間には，**三平方の定理**という定理が成り立ちます。（ピタゴラスの定理ともいう。）

三平方の定理を使うと，2辺の長さから残りの1辺の長さを求めることができますよ。

問題1 右の図の直角三角形ABCで，xの値を求めましょう。

(1) 3cm, 4cm, x cm（B が直角）
(2) 6cm, 8cm, x cm（A が直角）

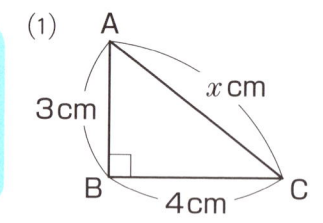

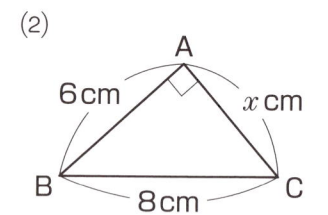

三平方の定理

直角三角形の直角をはさむ2辺の長さを a，b，斜辺の長さを c とするとき，
$$a^2 + b^2 = c^2$$

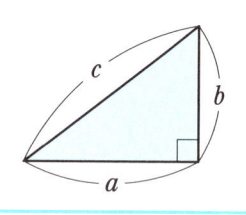

(1) 直角三角形ABCで， $AB^2 + BC^2 = AC^2$ （直角をはさむ2辺／斜辺）

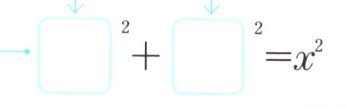

$$\boxed{}^2 + \boxed{}^2 = x^2$$

$$x^2 = \boxed{}$$

$$x = \pm \boxed{}$$

（平方根の考えを使った2次方程式の解き方は48ページを見よう。）

解の検討→x は「長さ」だから，負の数ではない。

$x > 0$ だから， $x = \boxed{}$

(2) 直角三角形ABCで， $AB^2 + AC^2 = BC^2$ （直角をはさむ2辺／斜辺）

$\boxed{}^2 + x^2 = \boxed{}^2$ ， $x^2 = \boxed{}$ ， $x = \pm\boxed{}$ ， $x = \pm\sqrt{\boxed{}}$

√の中ができるだけ小さな自然数になるように変形する。変形のしかたは，36ページを見よう。

$x > 0$ だから， $x = \boxed{}$

ステップアップ

斜辺はどこだ！？

三平方の定理を使うときは，まず，どの辺が斜辺になるのかをしっかり見きわめることが大切です。

三角形の向きに関係なく，**斜辺は直角の角の向かい側にある辺**ですよ。

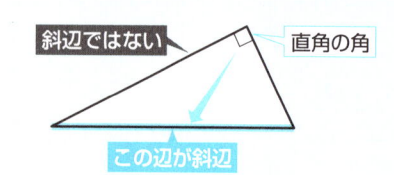

斜辺ではない／直角の角／この辺が斜辺

直角 ←向かい側→ 斜辺

<三平方の定理>
直角三角形の直角をはさむ2辺の長さをa, b, 斜辺の長さをcとすると，右の関係が成り立つ。

$$a^2+b^2=c^2$$

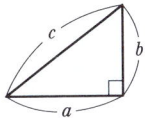

基本練習 → 答えは別冊11ページ

次の図の直角三角形で，xの値を求めましょう。

(1) x cm, 3 cm, 6 cm （B, C, A の直角三角形）

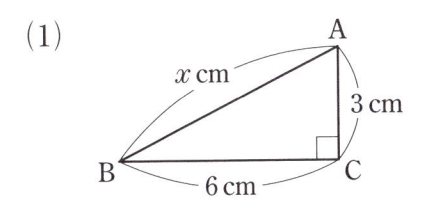

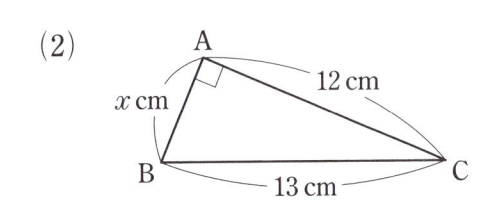

(2) x cm, 12 cm, 13 cm （A直角，B, C）

(3) 5 cm, x cm, BD = 3 cm, DC = $2\sqrt{5}$ cm

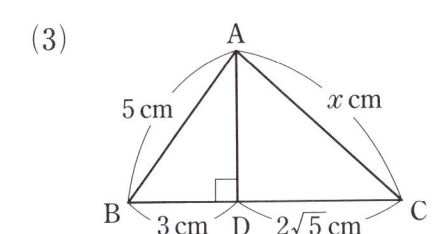

<左ページの問題の答え>
問題1 (1) $3^2+4^2=x^2$, $x^2=25$, $x=\pm5$, $x=5$
(2) $6^2+x^2=8^2$, $x^2=28$, $x=\pm\sqrt{28}$, $x=\pm2\sqrt{7}$, $x=2\sqrt{7}$

整数になる3辺の比

3辺の比が整数になるような直角三角形には，次のようなものがあります。

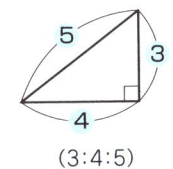

(3:4:5) 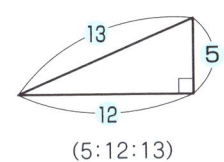　(5:12:13) 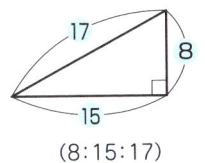　(8:15:17)

このほかにも，(7:24:25), (20:21:29)などがあります。

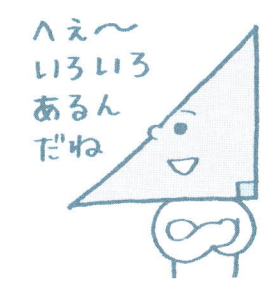

へぇ～いろいろあるんだね

ステップアップ

37 直角三角形になるためには

5章 図形の性質　　三平方の定理の逆

三平方の定理では，その逆も成り立ちます。

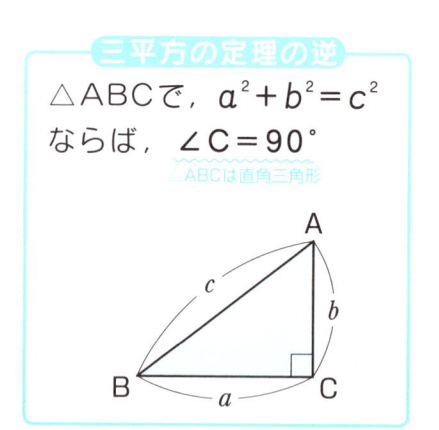

問題1 次の長さをそれぞれ3辺とする三角形で，直角三角形はどちらですか。
㋐ 5cm, 7cm, 9cm
㋑ 6cm, 8cm, 10cm

三平方の定理の逆
△ABCで，$a^2+b^2=c^2$ ならば，∠C＝90°
△ABCは直角三角形

3辺の長さa, b, cの間に，□ という関係が成り立っていれば，その三角形は直角三角形です。

㋐　$a=5$, $b=7$, $c=$□ とすると，
いちばん長い辺

$a^2+b^2=$□$^2+$□$^2=$□$+$□$=$□

$c^2=$□$^2=$□　　よって，$a^2+b^2=c^2$ が □ 。
成り立つ？　成り立たない？

㋑　$a=6$, $b=$□, $c=$□ とすると，

$a^2+b^2=$□$^2+$□$^2=$□$+$□$=$□

$c^2=$□$^2=$□　　よって，$a^2+b^2=c^2$ が □ 。
成り立つ？　成り立たない？

したがって，直角三角形は □ 。

ステップアップ

逆とは？

あることがらの仮定と結論を入れかえたものを，そのことがらの**逆**といいましたね。

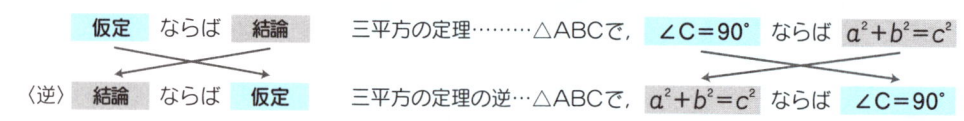

仮定 ならば 結論　　　三平方の定理………△ABCで，∠C＝90° ならば $a^2+b^2=c^2$
〈逆〉 結論 ならば 仮定　　三平方の定理の逆…△ABCで，$a^2+b^2=c^2$ ならば ∠C＝90°

「三平方の定理」と「三平方の定理の逆」はどちらも正しいですが，もとのことがらが正しくても，その逆がいつも正しいとはかぎりません。

<三平方の定理の逆>
三角形の3辺の長さ a, b, c の間に $a^2+b^2=c^2$ という関係が成り立つとき，その三角形は**長さ c の辺を斜辺とする直角三角形**である。

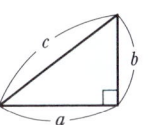

基本練習 → 答えは別冊12ページ

次の長さをそれぞれ3辺とする三角形で，直角三角形はどれですか。
㋐ 2cm, 4cm, $\sqrt{6}$ cm
㋑ 3cm, $\sqrt{3}$ cm, $\sqrt{5}$ cm
㋒ 3cm, 4cm, $\sqrt{7}$ cm

<左ページの問題の答え>
問題1 $a^2+b^2=c^2$
㋐ $c=9$, $5^2+7^2=25+49=74$, $9^2=81$, 成り立たない
㋑ $b=8$, $c=10$, $6^2+8^2=36+64=100$, $10^2=100$, 成り立つ，㋑

斜辺の長さはナンバーワン！

直角三角形の斜辺は，3辺のうちでいちばん長い辺になります。だから，直角三角形であるかどうかを調べる問題では，まず，あたえられた3辺のうちで，

いちばん長い辺はどれかを見きわめる

ことがポイントになります。

いちばん長い辺を c，残りの2辺を a, b

として，$a^2+b^2=c^2$ が成り立つかどうかを調べればいいですね。

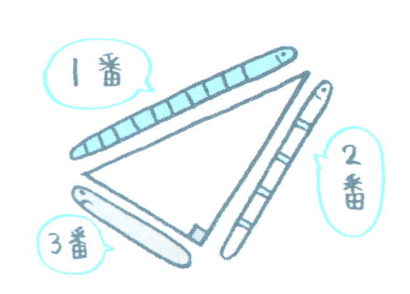

ステップアップ

38 平面図形と三平方の定理

5章 図形の性質　平面図形への利用

三平方の定理は，いろいろな図形の辺や線分の長さを求めるときによく利用されます。では，三平方の定理を使って，次の長さを求めましょう。

問題1
(1) 正方形の対角線の長さ　5cm　対角線
(2) 正三角形の高さ　4cm　高さ

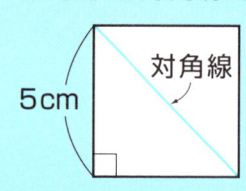

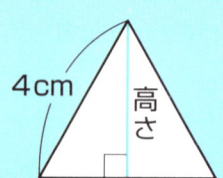

まず，**図形の中にある隠れた直角三角形を見つける**ことがポイントです。

(1) 右の図で，△ABCは直角三角形だから，$AB^2+BC^2=AC^2$
　ACの長さを$x$cmとすると，→ $x^2=AB^2+BC^2$

$$x^2=\boxed{}^2+\boxed{}^2=\boxed{}+\boxed{}=\boxed{}$$

$x>0$だから，$x=\sqrt{\boxed{}}=\boxed{}\sqrt{\boxed{}}$（cm）

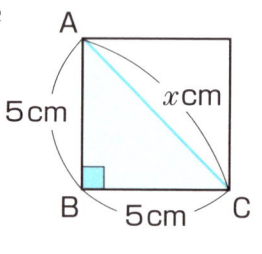

(2) 右の図で，△ABHは直角三角形だから，$AH^2+BH^2=AB^2$
　点Hは辺BCの中点だから，$BH=\boxed{}$cm ← 二等辺三角形の頂点から底辺にひいた垂線は，底辺を2等分する。
　AHの長さを$h$cmとすると，→ $h^2=AB^2-BH^2$

$$h^2=\boxed{}^2-\boxed{}^2=\boxed{}-\boxed{}=\boxed{}$$

$h>0$だから，$h=\sqrt{\boxed{}}=\boxed{}$（cm）

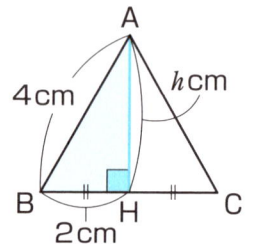

ステップアップ

覚えておこう！　特別な直角三角形の3辺の比

● 3つの角が45°，45°，90°の直角三角形（直角二等辺三角形）の3辺の比は，
　$1:1:\sqrt{2}$
　問題1 (1)の△ABCですね。

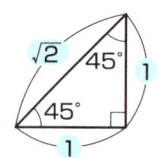

● 3つの角が30°，60°，90°の直角三角形の3辺の比は，
　$2:1:\sqrt{3}$
　問題1 (2)の△ABHですね。

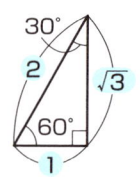

1組の三角定規は，この2つの直角三角形の組になっています。

<平面図形への利用>

1辺がaの正方形の対角線の長さ
…$\sqrt{a^2+a^2}=\sqrt{2a^2}=\sqrt{2}\,a$

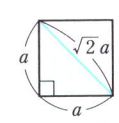

1辺が$2a$の正三角形の高さ
…$\sqrt{4a^2-a^2}=\sqrt{3a^2}=\sqrt{3}\,a$

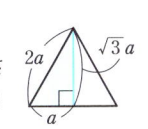

基本練習 → 答えは別冊12ページ

次の長さを求めましょう。

(1) 長方形 ABCD の対角線 BD

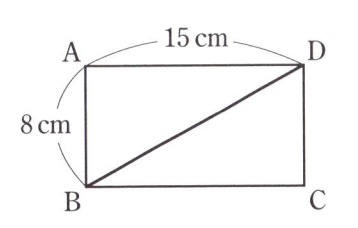

(2) 二等辺三角形 ABC の高さ AH

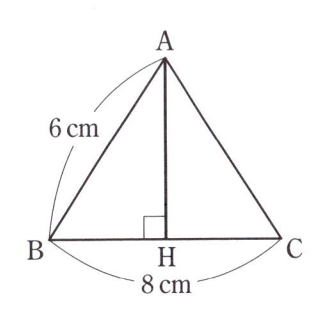

<左ページの問題の答え>
問題1 (1) $x^2=5^2+5^2=25+25=50$, $x=\sqrt{50}=5\sqrt{2}$
(2) BH$=2\,cm$, $h^2=4^2-2^2=16-4=12$, $h=\sqrt{12}=2\sqrt{3}$

円と三平方の定理

● 弦の長さ

右の図で，△OAHは直角三角形だから，

AB $= 2$AH
$= 2\sqrt{OA^2-OH^2}$

※円の中心から弦にひいた垂線は，その弦を2等分する。

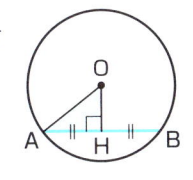

● 接線の長さ

右の図で，△PAOは直角三角形だから，

PA $= \sqrt{AO^2-PO^2}$

※円の接線は，その接点を通る半径に垂直である。

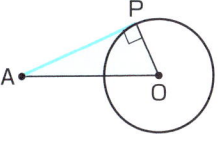

39 空間図形と三平方の定理

5章 図形の性質　　空間図形への利用

三平方の定理は，立体の辺や線分の長さを求めるときにもよく使われます。
平面図形のときと同じように，図の中に隠れている直角三角形を見つけましょう。

問題 1　右の直方体の対角線AGの長さを求めましょう。

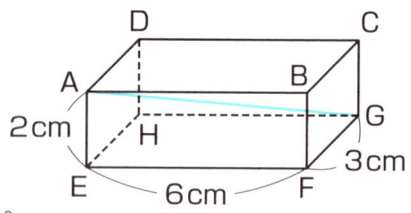

まず，線分AGを1辺とする直角三角形を探します。

△ □ がありますね。

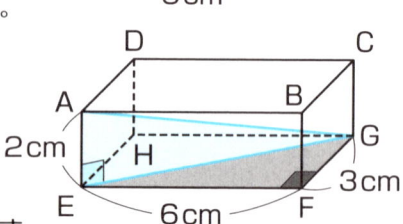

AEの長さはわかっているので，EGの長さがわかれば，AGの長さを求められます。
そこで，線分EGを1辺とする直角三角形を探します。

△ □ がありますね。

では，線分EG，AGの順に求めていきましょう。

△EFGは直角三角形だから，$EG^2 = \Box^2 + \Box^2$ …①
↑ $EF^2 + FG^2 = EG^2$

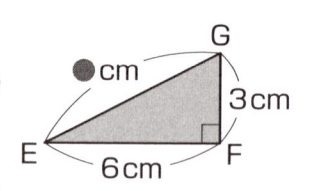

△AEGは直角三角形だから，$AG^2 = EG^2 + \Box^2$ …②
↑ $AE^2 + EG^2 = AG^2$

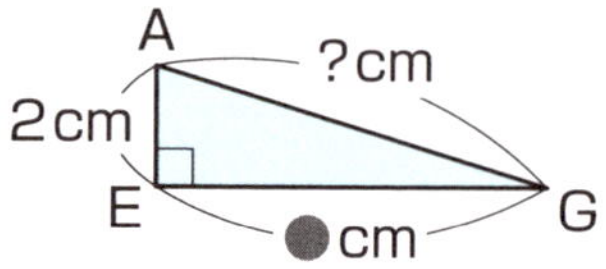

①，②から，$AG^2 = (\Box^2 + \Box^2) + \Box^2 = \Box$

AG＞0だから，$AG = \sqrt{\Box} = \Box$ (cm)

ステップアップ

対角線の長さの公式

問題1の直方体の対角線AGの長さは，$AG = \sqrt{EF^2 + FG^2 + AE^2}$ となりますね。

つまり，直方体の対角線の長さは，$\sqrt{(縦)^2 + (横)^2 + (高さ)^2}$ で求められます。

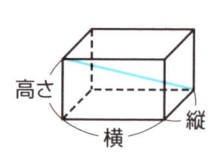

また，立方体は，縦，横，高さがどれも等しい直方体と考えることができるので，立方体の対角線の長さは，$\sqrt{(1辺)^2 + (1辺)^2 + (1辺)^2}$ となります。

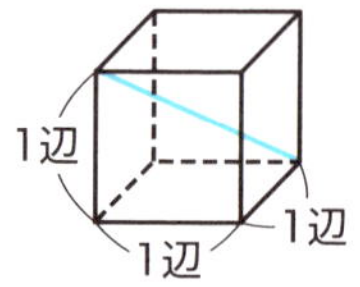

<空間図形への利用>

三平方の定理を利用して，空間図形の辺や線分の長さを求める場合には，空間図形の中の直角三角形を見つけることがポイントになります。

・円錐の中の直角三角形 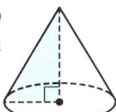
・正四角錐の中の直角三角形

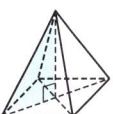

基本練習 → 答えは別冊12ページ

次の長さを求めます。□にあてはまる数を書きましょう。

(1) 円錐の高さ AO

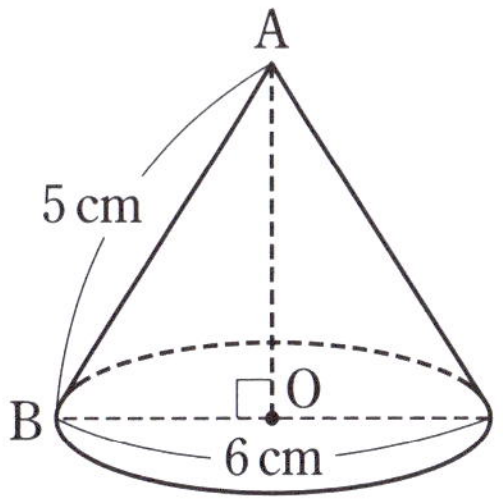

$BO = \dfrac{1}{2} \times \boxed{} = \boxed{}$ (cm)

$AO^2 = \boxed{}^2 - \boxed{}^2 = \boxed{}$

$AO = \boxed{}$ (cm)

(2) 正四角錐の高さ OH

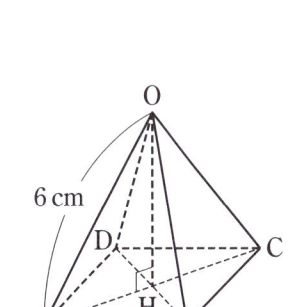

$AC^2 = \boxed{}^2 + \boxed{}^2 = \boxed{}$

$AC = \boxed{}$ (cm)

$AH = \dfrac{1}{2} \times \boxed{} = \boxed{}$ (cm)

$OH^2 = \boxed{}^2 - \left(\boxed{}\right)^2 = \boxed{}$

$OH = \boxed{}$ (cm)

<左ページの問題の答え>
問題1 △AEG，△EFG(△EGH)，$EG^2 = 6^2 + 3^2$，$AG^2 = EG^2 + 2^2$，
$AG^2 = (6^2 + 3^2) + 2^2 = 49$，$AG = \sqrt{49} = 7$

角錐や円錐の体積の求め方を覚えてる？

角錐や円錐の問題では，三平方の定理を使って高さを求めて，さらに，体積を求めさせる問題がよく出題されます。

角錐・円錐の体積 $= \dfrac{1}{3} \times$ 底面積 $\times$ 高さ

たとえば，基本練習の円錐と正四角錐の体積は，次のように求められます。

円錐の体積…$\dfrac{1}{3} \times \pi \times 3^2 \times 4 = 12\pi$ (cm³)，　正四角錐の体積…$\dfrac{1}{3} \times 4^2 \times 2\sqrt{7} = \dfrac{32\sqrt{7}}{3}$ (cm³)

ステップアップ

円周角の定理

5章　図形の性質

円周角の定理は，中学で学習する定理の中でもとくに重要なものの1つです。
この定理は，角の大きさを求めたり，証明問題に利用できたりとたいへん役に立ちますよ。

→ 問題の答えは99ページ

円周角の定理

右の図の円Oで，∠AOBを$\overset{\frown}{AB}$に対する ［ア　　］，∠APB（∠AQB）を$\overset{\frown}{AB}$に対する ［イ　　］といいます。

中心角と円周角について，右の定理が成り立ちます。

円周角の定理

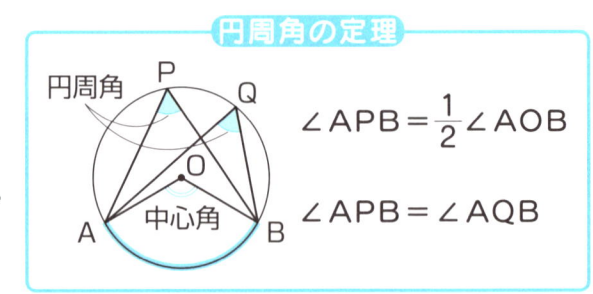

$\angle APB = \dfrac{1}{2} \angle AOB$

$\angle APB = \angle AQB$

それでは，円周角の定理を使って，角の大きさを求めましょう。

問題1　右の図で，∠x，∠yの大きさを求めましょう。

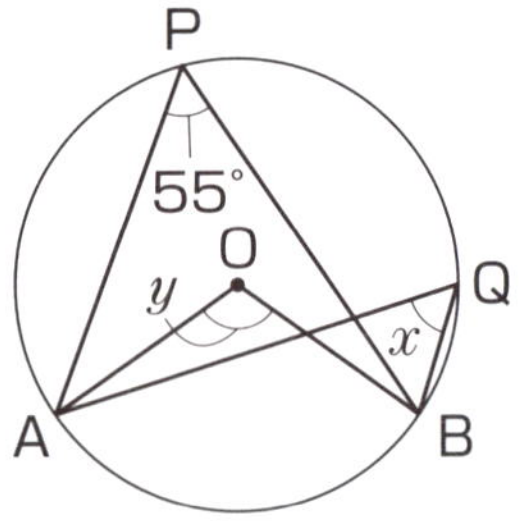

∠APBと∠AQBは，どちらも$\overset{\frown}{AB}$に対する円周角だから，

∠x = ∠［ア　　］ = ［イ　　］°

∠APBと∠AOBは，$\overset{\frown}{AB}$に対する円周角と中心角だから，

∠y = ［ウ　　］ × ∠APB = ［エ　　］ × 55° = ［オ　　］°

次は，半円の弧に対する円周角の大きさについて考えてみましょう。

問題2　右の図で，∠x，∠yの大きさを求めましょう。

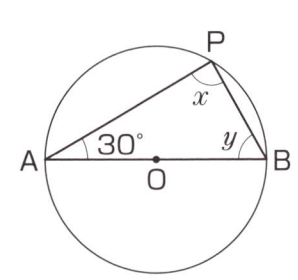

∠APBと∠AOBは，$\overset{\frown}{AB}$に対する円周角と中心角です。

ABは円Oの直径だから，∠AOB = ［ア　　］° ← 一直線の角

よって，∠x = $\dfrac{1}{2}$∠AOB = $\dfrac{1}{2}$ × ［イ　　］° = ［ウ　　］°
↑ 半円の弧に対する円周角の大きさ

また，三角形の内角の和は ［エ　　］° だから，
（△PABの内角の和）

∠y = ［オ　　］° − (30° + ［カ　　］°) = ［キ　　］°

半円の弧に対する円周角は90°

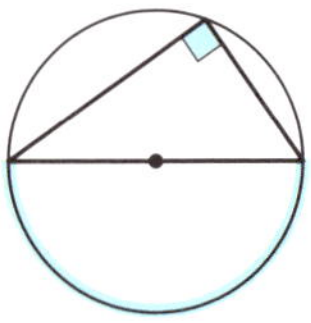

円周角の定理と証明

次は，円周角の定理を使った相似の証明問題です。

問題3 右の図のように，円 O の周上に 3 つの頂点 A, B, C をもつ △ABC があります。AB⊥CE のとき，△ABC∽△AED であることを証明しましょう。

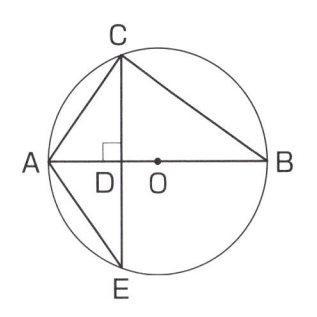

（証明） △ABC と △AED において，

$\overparen{AC}$ に対する円周角は等しいから，

∠ABC = ∠ ［ア］ ……①

∠ACB は半円の弧に対する円周角だから，∠ACB = ［イ］° ……②

AB⊥CE だから，∠ADE = ［ウ］° ……③

②，③より，∠［エ］ = ∠［オ］ ……④

①，④から，［カ］ がそれぞれ等しいので，

△ABC∽△AED

円周角の定理の逆

円周角の定理について，その逆も成り立ちます。

円周角の定理の逆

2点 P, Q が直線 AB について同じ側にあって，

∠APB = ∠［ア］

ならば，4点 A, ［イ］, ［ウ］, ［エ］ は 1 つの円周上にある。

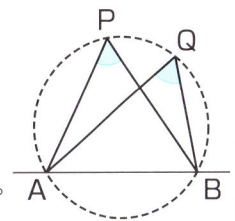

＜98〜99ページの問題の答え＞

　　ア 中心角　　イ 円周角

問題1　ア APB　　イ 55　　ウ 2　　エ 2　　オ 110

問題2　ア 180　　イ 180　　ウ 90　　エ 180　　オ 180　　カ 90　　キ 60

問題3　ア AED　　イ 90　　ウ 90　　エ ACB　　オ ADE　　カ 2組の角

　　　　ア AQB　　イ B　　ウ P　　エ Q　（イ〜エは順不同）

復習テスト

5章 図形の性質

1. 次の図で，x，y の値を求めましょう。【各5点 計20点】

(1) ∠ABC＝∠ACD

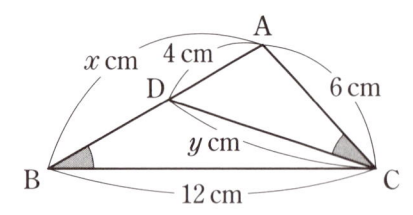

(2) DE // FG // BC

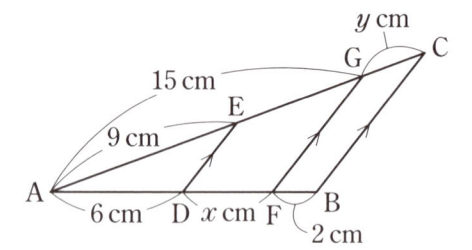

2. 右の図の△ABCで，点Dは辺ABの中点，点E，Fは辺ACを3等分する点です。BFとCDの交点をGとします。BF＝8cmのとき，次の長さを求めましょう。【各5点 計10点】

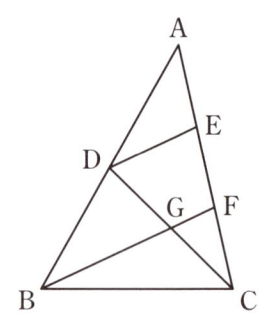

(1) 線分DE

(2) 線分BG

3. 右の図のように，円Oの周上に3点A，B，Cをとり，△ABCをつくります。∠BACの二等分線をひき，BC，円Oとの交点をそれぞれD，Eとします。次の問いに答えましょう。【(1)5点，(2)15点 計20点】

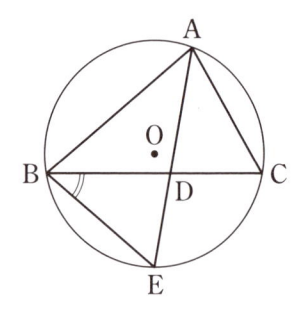

(1) ∠BAC＝80°のとき，∠CBEの大きさを求めましょう。

(2) △ABE∽△ADCであることを証明しましょう。
  （証明）

4 次の問いに答えましょう。　【各10点　計20点】

(1) 右の図で，長方形 ABCD の対角線 AC の長さを求めましょう。

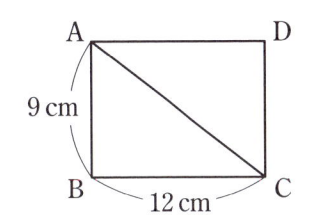

(2) 右の図で，二等辺三角形 ABC の面積を求めましょう。

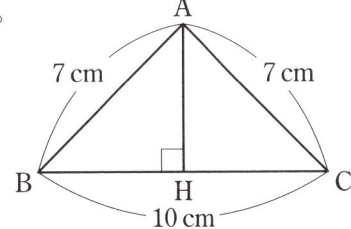

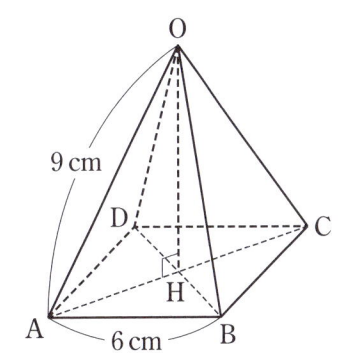

5 右の図の正四角錐 O-ABCD について，次の問いに答えましょう。　【各10点　計30点】

(1) 線分 AC の長さを求めましょう。

(2) 高さ OH を求めましょう。

(3) 体積を求めましょう。

座標平面上の2点間の距離

座標平面上の2点 A(2, 4)，B(6, 7)間の距離を求めてみましょう。
下の図のように，AB を斜辺とする直角三角形 ABC をつくって，三平方の定理を利用します。

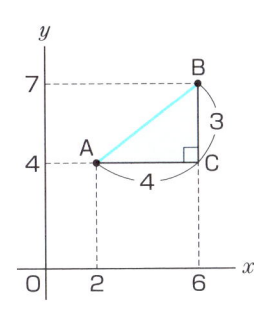

$$AB^2 = AC^2 + BC^2$$
$$= (6-2)^2 + (7-4)^2$$
$$= 4^2 + 3^2$$
$$= 16 + 9$$
$$= 25$$

$AB > 0$ だから，$AB = \sqrt{25} = 5$

直角三角形みつけた！

ステップアップ

調査のしかたを考えよう！　標本調査

学校での視力検査，街角でのアンケート調査，食品の品質検査など，わたしたちの身のまわりにはいろいろな調査がありますね。
ある集団の傾向や性質を効率よく調べるには，どのような方法があるのでしょうか。

→ 問題の答えは103ページ

全数調査と標本調査

学校での生徒の健康診断とテレビ番組の視聴率調査では，調査のしかたにどのようなちがいがあるでしょうか？

健康診断は個人の調査なので，生徒全員について調べますね。
このように，全部について調べることを **全数調査** といいます。
一方，テレビ番組の視聴率調査では，一部の人たちについて調べて，そこから全体のようすを推測します。
このような調べ方を **標本調査** といいます。

標本調査は，全数調査では，多くの手間や費用がかかる場合や，調べることで，製品をこわすおそれがある場合などに行われます。

問題1　次の調査は，全数調査と標本調査のどちらで行うとよいでしょうか。

(1) 学校での体力測定　　ア[　　　]　　(2) 電球の耐久時間の検査　　イ[　　　]

(3) 新聞社が行う世論調査　ウ[　　　]　　(4) 国勢調査　　エ[　　　]

母集団と標本

標本調査を行うとき，ようすを知りたい集団全体を
ア[　　　]といいます。

また，その一部分として取り出し，実際に調べたものを イ[　　　]といいます。

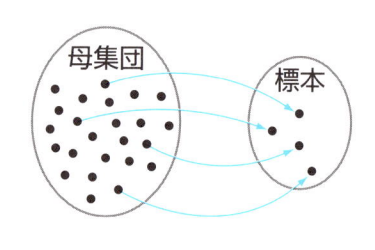

標本は，母集団の性質が正しく表れるように，かたよりなく取り出す必要があります。
このようにして標本を取り出すことを「無作為に抽出する」，または「任意に抽出する」といいます。

標本調査のしかた

標本調査は，右のような手順で行います。

では，標本調査の考え方を使って，問題を解いてみましょう。

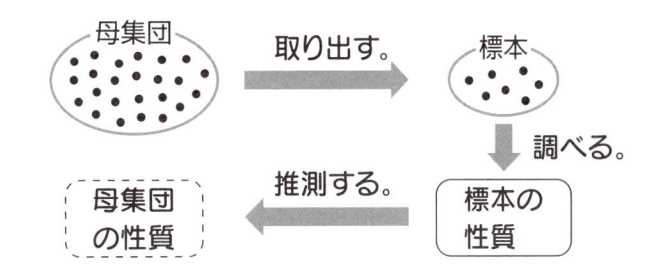

問題2 箱の中に白玉だけがたくさん入っています。全部の玉の数を数えることは，手間も時間もかかるので，次のような方法で白玉の個数を推測しました。
・白玉と同じ大きさの赤玉200個を箱の中に入れ，よくかき混ぜます。
・箱の中から50個の玉を取り出して調べたら，その中に赤玉が5個ありました。
箱の中の白玉の個数はおよそ何個ですか。

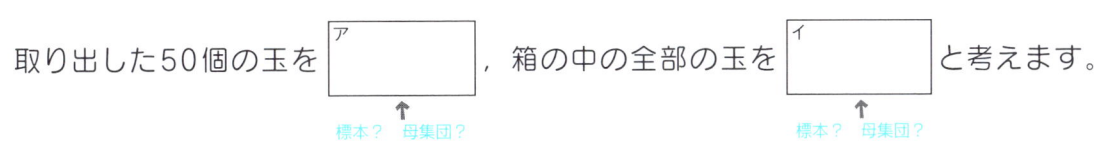

取り出した50個の玉を ［ア］，箱の中の全部の玉を ［イ］ と考えます。
　　　　　　　　　　　↑　　　　　　　　　　　　　　　↑
　　　　　　　　　標本？母集団？　　　　　　　　　標本？母集団？

まず，標本における赤玉と白玉の個数の比を求めます。

（赤玉の個数）：（白玉の個数）＝ 5 : ［ウ］ ＝ ［エ］ : ［オ］
　　　　　　　　　　　　　　　　　　　　↑
　　　　　　　　　　　　　　　できるだけ簡単な整数の比に直す。

母集団の性質は，標本の性質と同じと考えられるので，母集団における赤玉と白玉の個数の比も ［カ］ : ［キ］ とみることができます。

よって，箱の中の白玉の個数を x 個とすると，

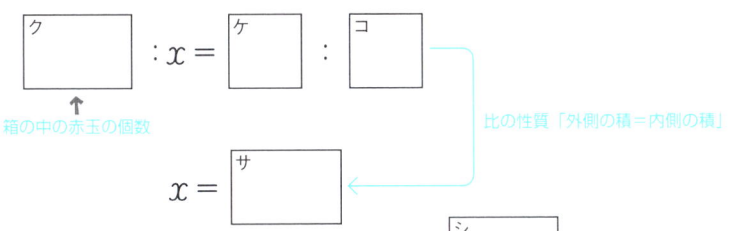

［ク］ : x ＝ ［ケ］ : ［コ］
　↑
箱の中の赤玉の個数　　　　　　　比の性質「外側の積＝内側の積」

$x =$ ［サ］

したがって，白玉の個数はおよそ ［シ］ 個と推測することができます。

<102〜103ページの問題の答え>
問題1 ア 全数調査　イ 標本調査　ウ 標本調査　エ 全数調査
　　　　ア 母集団　イ 標本
問題2 ア 標本　イ 母集団　ウ 45　エ 1　オ 9　カ 1　キ 9　ク 200　ケ 1　コ 9
　　　　サ 1800　シ 1800

監 修	永見利幸(ながみ としゆき)	

　京華中学高等学校教諭。
　生徒の実力を引き上げることで定評がある本校で，中高生に数学を教えて20年のベテラン数学教諭。数学を楽しく学ぶための教材研究を行い，数学がニガテな生徒の指導に特に力を入れている。

イラスト	ニシワキタダシ
編集協力	(有)アズ
デザイン	山口秀昭(StudioFlavor)
DTP	(株)明昌堂

この本は下記のように環境に配慮して製作しました。
・製版フィルムを使用しないCTP方式で印刷しました。
・環境に配慮した紙を使用しています。

中3数学をひとつひとつわかりやすく。

編者	学研教育出版	この本に関する各種お問い合わせは，下記にお願いいたします。
発行人	金谷敏博	〈電話の場合〉
編集人	土屋徹	・編集内容については ☎ 03-6431-1549(編集部直通)
編集長	上原美奈子	・在庫，不良品(乱丁・落丁)については
発行所	株式会社 学研教育出版	☎ 03-6431-1199(販売部直通)
	東京都品川区西五反田 2-11-8	・学研商品に関するお問い合わせは
発売元	株式会社 学研マーケティング	☎ 03-6431-1002(学研お客様センター)
	東京都品川区西五反田 2-11-8	〈文書の場合〉
印刷所	図書印刷株式会社	〒 141-8418　東京都品川区西五反田 2-11-8
		学研お客様センター「中3数学をひとつひとつわかりやすく。」係

©Gakken Education Publishing 2010　Printed in Japan　本書の無断転載，複製，複写(コピー)，翻訳を禁じます。
本書を代行業者等の第三者に依頼してスキャンやデジタル化することは，たとえ個人や家庭内の利用であっても，
著作権法上，認められておりません。

中3数学をひとつひとつわかりやすく。

解答とアドバイス

Gakken

01 多項式と単項式のかけ算とわり算　本文ページ→ 7

基本練習

次の計算をしましょう。

(1) $5a(b+2)$
$=5a\times b+5a\times 2$
$=5ab+10a$

(2) $-2x(4x-3y)$
$=-2x\times 4x-2x\times(-3y)$
$=-8x^2+6xy$

(3) $(4x+5y)\times(-7y)$
$=4x\times(-7y)+5y\times(-7y)$
$=-28xy-35y^2$

(4) $\dfrac{1}{3}a(6a-9b)$
$=\dfrac{1}{3}a\times 6a-\dfrac{1}{3}a\times 9b$
$=2a^2-3ab$

(5) $(6a^2+4a)\div 2a$
$=(6a^2+4a)\times\dfrac{1}{2a}$
$=6a^2\times\dfrac{1}{2a}+4a\times\dfrac{1}{2a}$
$=3a+2$

(6) $(3x^2-15xy)\div(-3x)$
$=(3x^2-15xy)\times\left(-\dfrac{1}{3x}\right)$
$=3x^2\times\left(-\dfrac{1}{3x}\right)$
$\quad-15xy\times\left(-\dfrac{1}{3x}\right)$
$=-x+5y$

(7) $(8a^2+6ab)\div\dfrac{2}{3}a$
$=(8a^2+6ab)\times\dfrac{3}{2a}$
$=8a^2\times\dfrac{3}{2a}+6ab\times\dfrac{3}{2a}$
$=12a+9b$

02 多項式どうしのかけ算　本文ページ→ 9

基本練習

次の式を展開しましょう。

(1) $(a-b)(c-d)$
$=a\times c+a\times(-d)-b\times c-b\times(-d)$
$=ac-ad-bc+bd$

(2) $(x+4)(y+5)$
$=x\times y+x\times 5+4\times y+4\times 5$
$=xy+5x+4y+20$

(3) $(a+3)(b-7)$
$=a\times b+a\times(-7)+3\times b+3\times(-7)$
$=ab-7a+3b-21$

(4) $(x+1)(x+7)$
$=x\times x+x\times 7+1\times x+1\times 7$
$=x^2+7x+x+7$　同類項
$=x^2+8x+7$

(5) $(2x-1)(x-2)$
$=2x\times x+2x\times(-2)-1\times x-1\times(-2)$
$=2x^2-4x-x+2$　同類項
$=2x^2-5x+2$

(6) $(a-b)(3a+2b)$
$=a\times 3a+a\times 2b-b\times 3a-b\times 2b$
$=3a^2+2ab-3ab-2b^2$
$=3a^2-ab-2b^2$

03 $(x+a)(x+b)$ の展開は？　本文ページ→ 11

基本練習

次の式を展開しましょう。

(1) $(x+2)(x+3)$
$=x^2+(2+3)x+2\times 3$
　　　　和　　　積
$=x^2+5x+6$

(2) $(x+6)(x-4)$
$=x^2+\{6+(-4)\}x+6\times(-4)$
　　　負の数はかっこをつける。
$=x^2+2x-24$

(3) $(a-8)(a+5)$
$=a^2+\{(-8)+5\}a+(-8)\times 5$
$=a^2-3a-40$

(4) $(y-1)(y-7)$
$=y^2+\{(-1)+(-7)\}y+(-1)\times(-7)$
$=y^2-8y+7$

(5) $(x+9)(x-10)$
$=x^2+\{9+(-10)\}x+9\times(-10)$
$=x^2-x-90$

(6) $(b-7)(b-8)$
$=b^2+\{(-7)+(-8)\}b+(-7)\times(-8)$
$=b^2-15b+56$

04 $(x+a)^2$ の展開は？　本文ページ→ 13

基本練習

次の式を展開しましょう。

(1) $(x+3)^2$
$=x^2+2\times 3\times x+3^2$
　　　　2倍　　　2乗
$=x^2+6x+9$

(2) $(a+8)^2$
$=a^2+2\times 8\times a+8^2$
$=a^2+16a+64$

(3) $(y-5)^2$
$=y^2-2\times 5\times y+5^2$
　　負　　　　　正
$=y^2-10y+25$

(4) $(x-7)^2$
$=x^2-2\times 7\times x+7^2$
$=x^2-14x+49$

(5) $\left(a+\dfrac{1}{2}\right)^2$
$=a^2+2\times\dfrac{1}{2}\times a+\left(\dfrac{1}{2}\right)^2$
　　　　　　　かっこをつけて2乗
$=a^2+a+\dfrac{1}{4}$

(6) $(4-x)^2$
$=4^2-2\times x\times 4+x^2$
$=16-8x+x^2$

05 $(x+a)(x-a)$ の展開は？ 本文ページ→15

基本練習

次の式を展開しましょう。

(1) $(x+4)(x-4)$
　　和　　差
　　　積
$=x^2-4^2$
$=x^2-16$

(2) $(a+7)(a-7)$
$=a^2-7^2$
$=a^2-49$

(3) $(6+y)(6-y)$
$=6^2-y^2$ ← y^2-6^2 としないように注意！
$=36-y^2$

(4) $(x-9)(x+9)$
$=(x+9)(x-9)$ ←乗法の交換法則を使って入れかえる。
$=x^2-9^2$
$=x^2-81$

(5) $\left(x+\dfrac{1}{3}\right)\left(x-\dfrac{1}{3}\right)$
$=x^2-\left(\dfrac{1}{3}\right)^2$
　　かっこをつけて2乗
$=x^2-\dfrac{1}{9}$

(6) $\left(a+\dfrac{2}{5}\right)\left(a-\dfrac{2}{5}\right)$
$=a^2-\left(\dfrac{2}{5}\right)^2$
$=a^2-\dfrac{4}{25}$

06 乗法公式を使って 本文ページ→17

基本練習

次の式を計算しましょう。

(1) $(3x-2)(3x+4)$
　　$(x+a)(x+b)$の形
$=(3x)^2+\{(-2)+4\}\times 3x$
　　　$+(-2)\times 4$
$=9x^2+6x-8$

(2) $(5a+2b)^2$
　　$(x+a)^2$の形
$=(5a)^2+2\times 2b\times 5a+(2b)^2$
$=25a^2+20ab+4b^2$

(3) $(-x+7y)(-x-7y)$
　　$(x+a)(x-a)$の形
$=(-x)^2-(7y)^2$
$=x^2-49y^2$

(4) $(4a-b)(4a-5b)$
　　$(x+a)(x+b)$の形
$=(4a)^2+\{(-b)+(-5b)\}\times 4a$
　　　$+(-b)\times(-5b)$
$=16a^2-24ab+5b^2$

(5) $(x+3)(x-3)+(x+4)^2$
$=x^2-9+(x^2+8x+16)$
$=x^2-9+x^2+8x+16$
$=2x^2+8x+7$

(6) $(x-5)^2-(x-3)(x-8)$
$=x^2-10x+25-(x^2-11x+24)$
$=x^2-10x+25-x^2+11x-24$
$=x+1$

07 素因数分解とは？ 本文ページ→19

基本練習

□にあてはまる数を書いて，次の数を素因数分解しましょう。

(1)
```
2 ) 42
3 ) 21   ←42÷2=21
     7   ←21÷3=7
```
$42=2\times 3\times 7$

(2)
```
2 ) 90
3 ) 45   ←90÷2=45
3 ) 15   ←45÷3=15
     5   ←15÷3=5
```
$90=2\times 3^2\times 5$

次の数を素因数分解しましょう。

(1) $36=2^2\times 3^2$
```
2 ) 36
2 ) 18
3 )  9
     3
```

(2) $250=2\times 5^3$
```
2 ) 250
5 ) 125
5 )  25
     5
```

08 因数分解とは？ 本文ページ→21

基本練習

次の式を因数分解しましょう。

(1) $ax+bx$
$=a\times x+b\times x$
　　　共通因数
$=x(a+b)$

(2) $3x-9y$
$=3\times x-3\times 3\times y$
　　　共通因数
$=3(x-3y)$

(3) $ax+ay-az$
$=a\times x+a\times y-a\times z$
$=a(x+y-z)$

(4) $y^2-5xy-y$
$=y\times y-5\times x\times y-y$ $-1\times y$と考える。
$=y(y-5x-1)$

(5) x^2y+xy^2
$=x\times x\times y+x\times y\times y$
$=xy\times x+xy\times y$
　　共通因数はxy
$=xy(x+y)$

(6) $2a^2+4ab-6a$
$=2a\times a+2a\times 2b-2a\times 3$
　　　共通因数は$2a$
$=2a(a+2b-3)$

09 公式を使って因数分解しよう(1) (本文ページ→23)

基本練習

次の式を因数分解しましょう。

(1) x^2+5x+4
$=(x+1)(x+4)$

かけて4	たして5
1 と 4	○
−1 と −4	×
2 と 2	×
−2 と −2	×

(2) $x^2+3x-10$
$=(x-2)(x+5)$

かけて−10	たして3
1 と −10	×
−1 と 10	×
2 と −5	×
−2 と 5	○

(3) $x^2-7x+12$
$=(x-3)(x-4)$

かけて12	たして−7
1 と 12	×
−1 と −12	×
2 と 6	×
−2 と −6	×
3 と 4	×
−3 と −4	○

(4) $x^2-4x-21$
$=(x+3)(x-7)$

かけて−21	たして−4
1 と −21	×
−1 と 21	×
3 と −7	○
−3 と 7	×

10 公式を使って因数分解しよう(2) (本文ページ→25)

基本練習

次の式を因数分解しましょう。

(1) $x^2+10x+25$ (↑5の2倍 ↑5の2乗)
$=x^2+2\times 5\times x+5^2$
$=(x+5)^2$

(2) x^2-4x+4 (↑2の2倍 ↑2の2乗)
$=x^2-2\times 2\times x+2^2$
$=(x-2)^2$

(3) x^2-9 (↑3の2乗)
$=x^2-3^2$
$=(x+3)(x-3)$

(4) $a^2-18a+81$ (↑9の2倍 ↑9の2乗)
$=a^2-2\times 9\times a+9^2$
$=(a-9)^2$

(5) $49-y^2$ (↑7の2乗)
$=7^2-y^2$
$=(7+y)(7-y)$

(6) $x^2+x+\dfrac{1}{4}$
$=x^2+2\times \dfrac{1}{2}\times x+\left(\dfrac{1}{2}\right)^2$
$=\left(x+\dfrac{1}{2}\right)^2$

11 式を使って説明しよう (本文ページ→27)

基本練習

連続する3つの整数で，まん中の数の2乗から1をひいた数は，残りの2つの数の積と等しくなることを証明します。□にあてはまる式を入れましょう。

(証明) 連続する3つの整数は，小さいほうから順に，
n, $n+1$, $n+2$ と表せる。ただし，nは整数とする。
まん中の数の2乗から1をひいた数は，

$(n+1)^2-1=(n^2+2n+1)-1$
$=n^2+2n$
$=n(n+2)$ ←残りの2つの数の積を表している。

したがって，連続する3つの整数で，まん中の数の2乗から1をひいた数は，残りの2つの数の積と等しくなる。

復習テスト 1章 多項式の計算 (本文ページ→28〜29)

1 (1) $-3a^2+12ab$ (2) $2x-6y$

2 (1) $3x^2+x-2$ (2) x^2-9x+8
 (3) $x^2+18x+81$ (4) x^2-9y^2
 (5) a^2+a-30 (6) $a^2-14ab+49b^2$

3 (1) $2x^2-6x-7$ (2) $-x-11$

解説 乗法公式を使って展開し，さらに同類項をまとめます。
(1) $(x-3)^2+(x+4)(x-4)=x^2-6x+9+(x^2-16)$
$=2x^2-6x-7$
(2) $(x+2)(x+7)-(x+5)^2=x^2+9x+14-(x^2+10x+25)$
$=x^2+9x+14-x^2-10x-25=-x-11$

4 (1) $70=2\times 5\times 7$ (2) $108=2^2\times 3^3$

5 (1) $xy(x-y+z)$ (2) $(x+2)(x+3)$
 (3) $(x+4)^2$ (4) $(x+10)(x-10)$
 (5) $(x+7)(x-8)$ (6) $(x-6)^2$

6 (証明) 連続する2つの奇数は，$2n-1$, $2n+1$ と表せる。ただし，nは整数とする。
連続する2つの奇数の積に1をたした数は，
$(2n-1)(2n+1)+1=(4n^2-1)+1=4n^2$
したがって，連続する2つの奇数の積に1をたした数は4の倍数になる。

12 平方根とは？ 本文ページ→31

基本練習

次の数の平方根を求めましょう。

(1) 25
$5^2=25$, $(-5)^2=25$
だから，25の平方根は，
5と−5
±5と書くこともできる。

(2) $\dfrac{4}{9}$
$\left(\dfrac{2}{3}\right)^2=\dfrac{4}{9}$, $\left(-\dfrac{2}{3}\right)^2=\dfrac{4}{9}$
だから，$\dfrac{2}{3}$と$-\dfrac{2}{3}\left(\pm\dfrac{2}{3}\right)$

(3) 0.09
$0.3^2=0.09$,
$(-0.3)^2=0.09$
だから，0.3と−0.3(±0.3)

(4) 5
正のほうは$\sqrt{5}$
負のほうは$-\sqrt{5}$
だから，$\pm\sqrt{5}$

次の数を根号を使わずに表しましょう。

(1) $\sqrt{16}$
$\sqrt{16}$は16の平方根のうち
の正のほうである。
16の平方根は4と−4
だから，$\sqrt{16}=4$

(2) $-\sqrt{81}$
$-\sqrt{81}$は81の平方根のうち
の負のほうである。
81の平方根は9と−9
だから，$-\sqrt{81}=-9$

13 平方根の大小比べ 本文ページ→33

基本練習

次の各組の数の大小を，不等号を使って表しましょう。

(1) $\sqrt{5}$, $\sqrt{7}$
$\sqrt{}$の中の数を比べると，
5＜7だから，
$\sqrt{5}<\sqrt{7}$

(2) $-\sqrt{19}$, $-\sqrt{21}$
まず，負の符号をとった
$\sqrt{19}$と$\sqrt{21}$の大小を比べます。
19＜21だから，$\sqrt{19}<\sqrt{21}$
負の数では，絶対値が大きい
ほど小さくなります。
よって，$-\sqrt{19}>-\sqrt{21}$

(3) 4, $\sqrt{15}$
整数と平方根の大小を比べる
ときは，整数を$\sqrt{}$がついた
数に直して考えます。
4を$\sqrt{}$を使って表すと，
$4=\sqrt{16}$
16＞15だから，$\sqrt{16}>\sqrt{15}$
よって，$4>\sqrt{15}$

(4) −5, $-\sqrt{23}$
−5を$\sqrt{}$を使って表すと，
$-5=-\sqrt{25}$
25＞23だから，
$\sqrt{25}>\sqrt{23}$
よって，$-\sqrt{25}<-\sqrt{23}$
したがって，$-5<-\sqrt{23}$

14 根号がついた数のかけ算とわり算 本文ページ→35

基本練習

次の計算をしましょう。

(1) $\sqrt{2}\times\sqrt{7}$
$=\sqrt{2\times7}$
$=\sqrt{14}$

(2) $\sqrt{5}\times\sqrt{11}$
$=\sqrt{5\times11}$
$=\sqrt{55}$

(3) $\sqrt{3}\times\sqrt{27}$
$=\sqrt{3\times27}$
$=\sqrt{81}$
$=9$　　81=9²だから，$\sqrt{}$をはずせる。

(4) $\sqrt{14}\div\sqrt{2}$
$=\sqrt{\dfrac{14}{2}}$
$=\sqrt{7}$

(5) $\sqrt{42}\div\sqrt{7}$
$=\sqrt{\dfrac{42}{7}}$
$=\sqrt{6}$

(6) $\sqrt{75}\div\sqrt{3}$
$=\sqrt{\dfrac{75}{3}}$
$=\sqrt{25}$　　25=5²だから，$\sqrt{}$をはずせる。
$=5$

15 根号がついた数の変形 本文ページ→37

基本練習

次の数を，$\sqrt{■}$の形に変形しましょう。

(1) $2\sqrt{7}=\sqrt{2^2\times7}$
$=\sqrt{4\times7}$
$=\sqrt{28}$

(2) $6\sqrt{5}=\sqrt{6^2\times5}$
$=\sqrt{36\times5}$
$=\sqrt{180}$

(3) $\dfrac{\sqrt{12}}{2}=\dfrac{\sqrt{12}}{\sqrt{2^2}}$　除法
$=\sqrt{\dfrac{12}{4}}$　約分
$=\sqrt{3}$

(4) $\dfrac{\sqrt{63}}{3}=\dfrac{\sqrt{63}}{\sqrt{3^2}}$　除法
$=\sqrt{\dfrac{63}{9}}$　約分
$=\sqrt{7}$

次の数を，$\sqrt{}$の中ができるだけ小さな自然数になるように変形しましょう。

(1) $\sqrt{8}=\sqrt{2^2\times2}$
$=\sqrt{2^2}\times\sqrt{2}$
$=2\sqrt{2}$

(2) $\sqrt{75}=\sqrt{5^2\times3}$
$=\sqrt{5^2}\times\sqrt{3}$
$=5\sqrt{3}$

(3) $\sqrt{\dfrac{3}{16}}$
$=\dfrac{\sqrt{3}}{\sqrt{16}}=\dfrac{\sqrt{3}}{\sqrt{4^2}}=\dfrac{\sqrt{3}}{4}$

(4) $\sqrt{\dfrac{7}{81}}=\dfrac{\sqrt{7}}{\sqrt{81}}=\dfrac{\sqrt{7}}{\sqrt{9^2}}=\dfrac{\sqrt{7}}{9}$

16 分母に根号がある数の変形　本文ページ→ 39

基本練習

次の数を，分母に $\sqrt{}$ をふくまない形にしましょう。

(1) $\dfrac{\sqrt{3}}{\sqrt{5}} = \dfrac{\sqrt{3}\times\sqrt{5}}{\sqrt{5}\times\sqrt{5}}$ ←分母と分子に $\sqrt{5}$ をかける。
$= \dfrac{\sqrt{15}}{5}$

(2) $\dfrac{6}{\sqrt{3}} = \dfrac{6\times\sqrt{3}}{\sqrt{3}\times\sqrt{3}}$ ←分母と分子に $\sqrt{3}$ をかける。
$= \dfrac{6\sqrt{3}}{3}$
$= 2\sqrt{3}$ ←約分

(3) $\dfrac{4}{\sqrt{8}} = \dfrac{4}{2\sqrt{2}}$ ← $\sqrt{8}=\sqrt{2^2\times 2}=2\sqrt{2}$
$= \dfrac{2}{\sqrt{2}}$
$= \dfrac{2\times\sqrt{2}}{\sqrt{2}\times\sqrt{2}}$
$= \dfrac{2\sqrt{2}}{2}$
$= \sqrt{2}$

(4) $\dfrac{3\sqrt{2}}{\sqrt{6}} = \dfrac{3\sqrt{2}\times\sqrt{6}}{\sqrt{6}\times\sqrt{6}}$
$= \dfrac{3\sqrt{2}\times\sqrt{2}\times\sqrt{3}}{6}$
$= \dfrac{3\times 2\times\sqrt{3}}{6}$
$= \sqrt{3}$

または，
$\dfrac{3\sqrt{2}}{\sqrt{6}} = 3\times\sqrt{\dfrac{2}{6}} = 3\times\sqrt{\dfrac{1}{3}}$
$= 3\times\dfrac{1}{\sqrt{3}} = \dfrac{3\times\sqrt{3}}{\sqrt{3}\times\sqrt{3}}$
$= \dfrac{3\sqrt{3}}{3} = \sqrt{3}$

17 根号がついた数のたし算とひき算　本文ページ→ 41

基本練習

次の計算をしましょう。

(1) $3\sqrt{2}+4\sqrt{2}$　← $\sqrt{2}$ をひとつの文字とみる。
$=(3+4)\sqrt{2}$
$=7\sqrt{2}$

(2) $2\sqrt{7}-5\sqrt{7}$　← $\sqrt{7}$ をひとつの文字とみる。
$=(2-5)\sqrt{7}$
$=-3\sqrt{7}$

(3) $8\sqrt{5}-\sqrt{5}-4\sqrt{5}$
$=(8-1-4)\sqrt{5}$
$=3\sqrt{5}$

(4) $5\sqrt{2}-3\sqrt{3}+\sqrt{2}+2\sqrt{3}$
$=5\sqrt{2}+\sqrt{2}-3\sqrt{3}+2\sqrt{3}$
$=(5+1)\sqrt{2}+(-3+2)\sqrt{3}$
$=6\sqrt{2}-\sqrt{3}$

(5) $\sqrt{8}+\sqrt{2}$　← $\sqrt{8}=\sqrt{2^2\times 2}=2\sqrt{2}$ とすると，$\sqrt{}$ の中が同じ数になる。
$=2\sqrt{2}+\sqrt{2}$
$=(2+1)\sqrt{2}$
$=3\sqrt{2}$

(6) $\sqrt{5}-\sqrt{20}$　← $\sqrt{20}=\sqrt{2^2\times 5}=2\sqrt{5}$ とする。
$=\sqrt{5}-2\sqrt{5}$
$=(1-2)\sqrt{5}$
$=-\sqrt{5}$

18 いろいろな計算　本文ページ→ 43

基本練習

次の計算をしましょう。

(1) $\sqrt{2}(\sqrt{2}-3)$
$=\sqrt{2}\times\sqrt{2}+\sqrt{2}\times(-3)$
$=2-3\sqrt{2}$

(2) $\sqrt{3}(\sqrt{6}+\sqrt{2})$
$=\sqrt{3}\times\sqrt{6}+\sqrt{3}\times\sqrt{2}$
$=\sqrt{18}+\sqrt{6}$　← $\sqrt{18}=\sqrt{3^2\times 2}=3\sqrt{2}$
$=3\sqrt{2}+\sqrt{6}$

(3) $(\sqrt{5}+2)^2$　↓ $(x+a)^2=x^2+2ax+a^2$
$=(\sqrt{5})^2+2\times 2\times\sqrt{5}+2^2$
$=5+4\sqrt{5}+4$
$=9+4\sqrt{5}$

(4) $(\sqrt{2}+3)(\sqrt{2}-1)$　↓ $(x+a)(x+b)=x^2+(a+b)x+ab$
$=(\sqrt{2})^2+(3-1)\sqrt{2}+3\times(-1)$
$=2+2\sqrt{2}-3$
$=2\sqrt{2}-1$

(5) $(\sqrt{7}+4)(\sqrt{7}-4)$　↓ $(x+a)(x-a)=x^2-a^2$
$=(\sqrt{7})^2-4^2$
$=7-16$
$=-9$

(6) $(\sqrt{6}-\sqrt{2})^2$　↓ $(x-a)^2=x^2-2ax+a^2$
$=(\sqrt{6})^2-2\times\sqrt{2}\times\sqrt{6}+(\sqrt{2})^2$
$=6-2\sqrt{12}+2$　← $\sqrt{12}=\sqrt{2^2\times 3}=2\sqrt{3}$
$=8-4\sqrt{3}$

復習テスト　本文ページ→ 44～45

2章　平方根

1 (1) ± 8　(2) $\pm\dfrac{3}{5}$　(3) $\pm\sqrt{13}$

2 (1) 7　(2) -10　(3) 4

3 (1) $5<\sqrt{29}$　(2) $-6>-\sqrt{37}$

4 (1) $5\sqrt{2}$　(2) $6\sqrt{6}$

解説 (2) $\sqrt{216}=\sqrt{2^3\times 3^3}=\sqrt{2^2\times 3^2\times 2\times 3}$
$=2\times 3\times\sqrt{2\times 3}=6\sqrt{6}$

5 (1) $3\sqrt{5}$　(2) $2\sqrt{2}$

解説 (1) 分母と分子に $\sqrt{5}$ をかける。
$\dfrac{15}{\sqrt{5}}=\dfrac{15\times\sqrt{5}}{\sqrt{5}\times\sqrt{5}}=\dfrac{15\sqrt{5}}{5}=3\sqrt{5}$

6 (1) $5\sqrt{3}$　(2) 2　(3) $9\sqrt{3}$
(4) $-6\sqrt{5}$　(5) $-\sqrt{3}-3\sqrt{2}$　(6) $-\sqrt{6}$

解説 (6) $\sqrt{6}-4\sqrt{6}+\sqrt{24}=\sqrt{6}-4\sqrt{6}+2\sqrt{6}$
$=(1-4+2)\sqrt{6}=-\sqrt{6}$

7 (1) $-2+2\sqrt{3}$　(2) -19
(3) $7-2\sqrt{10}$　(4) $11-6\sqrt{3}$

解説 (2)～(4)は，乗法公式を利用して計算します。
(4) $(\sqrt{3}-2)(\sqrt{3}-4)$
$=(\sqrt{3})^2+(-2-4)\sqrt{3}+(-2)\times(-4)=3-6\sqrt{3}+8$
$=11-6\sqrt{3}$

19 2次方程式とは？ (本文ページ→47)

基本練習

次の方程式のうち，xについての2次方程式はどれですか。記号で答えましょう。
　ア　$x^2=3$　　　イ　$x^2+3x=x^2-3$　　　ウ　$5x=3-2x^2$

それぞれ方程式を移項して整理すると，
　ア　$x^2-3=0$　　　　　　　　　　←（xの2次式）=0 の形
　イ　$x^2+3x-x^2+3=0$，$3x+3=0$　　←（xの1次式）=0 の形
　ウ　$2x^2+5x-3=0$　　　　　　　　　←（xの2次式）=0 の形
よって，xの2次方程式は**アとウ**

-2，-1，0，1，2 のうち，方程式 $x^2+x-2=0$ の解はどれですか。

方程式の左辺にそれぞれの数を代入すると，
$x=-2$ のとき，左辺$=(-2)^2+(-2)-2=4-2-2=0$
$x=-1$ のとき，左辺$=(-1)^2+(-1)-2=1-1-2=-2$
$x=0$ のとき，左辺$=0^2+0-2=0+0-2=-2$
$x=1$ のとき，左辺$=1^2+1-2=1+1-2=0$
$x=2$ のとき，左辺$=2^2+2-2=4+2-2=4$
$x=-2$，$x=1$ のとき，左辺が 0 となり，方程式が成り立つ。
よって，方程式の解は**-2 と 1**

20 2次方程式の解き方① (本文ページ→49)

基本練習

次の方程式を解きましょう。

(1) $x^2-5=0$　　　　　　-5を移項。
　　$x^2=5$
　　$x=\pm\sqrt{5}$

(2) $3x^2=48$　　　両辺を3でわる。
　　$x^2=16$
　　$x=\pm 4$

(3) $2x^2-50=0$　　　-50を移項。
　　$2x^2=50$　　　　両辺を2でわる。
　　$x^2=25$
　　$x=\pm 5$

(4) $4x^2=32$
　　$x^2=8$
　　$x=\pm\sqrt{8}$
　　$x=\pm 2\sqrt{2}$　$a\sqrt{b}$の形に直して答える。

(5) $(x-3)^2=2$
　　$x-3$をMとすると，
　　$M^2=2$
　　$M=\pm\sqrt{2}$
　　$x-3=\pm\sqrt{2}$
　　$x=3\pm\sqrt{2}$

(6) $(x+2)^2=9$
　　$x+2$をMとすると，
　　$M^2=9$
　　$M=\pm 3$
　　$x+2=\pm 3$
　　$x=-2\pm 3$
　　$x=-2+3$ から，$x=1$
　　$x=-2-3$ から，$x=-5$

21 2次方程式の解き方② (本文ページ→51)

基本練習

次の方程式を解きましょう。

(1) $(x+1)(x+5)=0$
　　$x+1=0$ または $x+5=0$
　　$x=-1$，$x=-5$

(2) $x^2-3x=0$　　共通因数xをくくり出す。
　　$x(x-3)=0$
　　$x=0$ または $x-3=0$
　　$x=0$，$x=3$

(3) $x^2-8x+16=0$
　　$(x-4)^2=0$
　　$x-4=0$
　　$x=4$　解は1つ

(4) $x^2-36=0$
　　$(x+6)(x-6)=0$
　　$x+6=0$ または $x-6=0$
　　$x=-6$，$x=6$

(5) $x^2+14x+49=0$
　　$(x+7)^2=0$
　　$x+7=0$
　　$x=-7$　解は1つ

(6) $x^2+4x-45=0$
　　$(x+9)(x-5)=0$
　　$x+9=0$ または $x-5=0$
　　$x=-9$，$x=5$

22 2次方程式の解の公式とは？ (本文ページ→53)

基本練習

次の方程式を，解の公式を使って解きましょう。

(1) $x^2+5x+3=0$　　$a=1, b=5, c=3$
$$x=\frac{-5\pm\sqrt{5^2-4\times 1\times 3}}{2\times 1}$$
$$=\frac{-5\pm\sqrt{25-12}}{2}$$
$$=\frac{-5\pm\sqrt{13}}{2}$$

(2) $x^2+2x-1=0$　　$a=1, b=2, c=-1$
$$x=\frac{-2\pm\sqrt{2^2-4\times 1\times(-1)}}{2\times 1}$$
$$=\frac{-2\pm\sqrt{4+4}}{2}=\frac{-2\pm\sqrt{8}}{2}$$
$$=\frac{-2\pm 2\sqrt{2}}{2}=-1\pm\sqrt{2}$$

(3) $2x^2+x-1=0$　　$a=2, b=1, c=-1$
$$x=\frac{-1\pm\sqrt{1^2-4\times 2\times(-1)}}{2\times 2}$$
$$=\frac{-1\pm\sqrt{1+8}}{4}$$
$$=\frac{-1\pm\sqrt{9}}{4}=\frac{-1\pm 3}{4}$$
$$x=\frac{-1+3}{4}=\frac{1}{2}$$
$$x=\frac{-1-3}{4}=-1$$

(4) $3x^2-6x+2=0$　　$a=3, b=-6, c=2$
$$x=\frac{-(-6)\pm\sqrt{(-6)^2-4\times 3\times 2}}{2\times 3}$$
$$=\frac{6\pm\sqrt{36-24}}{6}=\frac{6\pm\sqrt{12}}{6}$$
$$=\frac{6\pm 2\sqrt{3}}{6}=\frac{3\pm\sqrt{3}}{3}$$

2次方程式の解の公式
$$x=\frac{-b\pm\sqrt{b^2-4ac}}{2a}$$

23 いろいろな方程式を解こう （本文ページ→55）

基本練習
次の方程式を解きましょう。

(1) $x^2 = 5x$
$x^2 - 5x = 0$
$x(x-5) = 0$
$x = 0$ または $x - 5 = 0$
$x = 0,\ x = 5$

(2) $x^2 = x + 2$
$x^2 - x - 2 = 0$
$(x+1)(x-2) = 0$
$x + 1 = 0$ または $x - 2 = 0$
$x = -1,\ x = 2$

(3) $x^2 - 6x = 3(1-2x)$
$x^2 - 6x = 3 - 6x$
$x^2 - 6x + 6x = 3$
$x^2 = 3$
$x = \pm\sqrt{3}$

(4) $x^2 = 3(x+6)$
$x^2 = 3x + 18$
$x^2 - 3x - 18 = 0$
$(x+3)(x-6) = 0$
$x = -3,\ x = 6$

(5) $(x-2)^2 = x$
$x^2 - 4x + 4 = x$
$x^2 - 4x - x + 4 = 0$
$x^2 - 5x + 4 = 0$
$(x-1)(x-4) = 0$
$x - 1 = 0$ または $x - 4 = 0$
$x = 1,\ x = 4$

(6) $(x-1)(x+3) = -2$
$x^2 + 2x - 3 = -2,\ x^2 + 2x - 1 = 0$
解の公式より
$x = \dfrac{-2 \pm \sqrt{2^2 - 4 \times 1 \times (-1)}}{2 \times 1}$
$= \dfrac{-2 \pm 2\sqrt{2}}{2} = -1 \pm \sqrt{2}$

24 文章題を解こう （本文ページ→57）

基本練習
連続する3つの自然数があります。小さいほうの2つの数の積は，3つの数の和に等しくなります。次の問いに答えましょう。

(1) いちばん小さい自然数を x として，残りの2つの自然数を x を使って表しましょう。

$x+1,\ x+2$

（自然数とは，1，2，3，…出席番号と考えよう。）

(2) 方程式をつくり，解きましょう。
$x(x+1) = x + (x+1) + (x+2)$ ← 小さいほうの2つの数の積 = 3つの数の和
$x^2 + x = 3x + 3$
$x^2 - 2x - 3 = 0$
$(x+1)(x-3) = 0$
$x = -1,\ x = 3$

(3) 連続する3つの自然数を求めましょう。

x は自然数だから，(2)の方程式の解のうち，$x = -1$ は問題にあわない。
$x = 3$ のとき，連続する3つの自然数は3，4，5となり，これは問題にあっている。

連続する3つの自然数は，
3, 4, 5
↑ ↑ ↑
x $x+1$ $x+2$

復習テスト 3章 2次方程式 （本文ページ→58〜59）

1 イ，エ

2
(1) $x = \pm 3$
(2) $x = 1,\ x = 5$
(3) $x = \pm 2\sqrt{5}$
(4) $x = -6$
(5) $x = -4,\ x = 7$
(6) $x = 1 \pm \sqrt{3}$

3
(1) $x = \dfrac{-3 \pm \sqrt{17}}{2}$
(2) $x = \dfrac{3}{2},\ x = -1$

解説 (1) $x = \dfrac{-3 \pm \sqrt{3^2 - 4 \times 1 \times (-2)}}{2 \times 1} = \dfrac{-3 \pm \sqrt{9+8}}{2}$
$= \dfrac{-3 \pm \sqrt{17}}{2}$

4
(1) $x = 2,\ x = -4$
(2) $x = -2,\ x = 6$
(3) $x = \pm 4$
(4) $x = -4,\ x = -9$

解説 (3) $x^2 + 6x - 16 = 6x,\ x^2 - 16 = 0,\ (x+4)(x-4) = 0$,
$x = \pm 4$
(4) $x^2 + 12x + 36 = -x,\ x^2 + 13x + 36 = 0$,
$(x+4)(x+9) = 0,\ x = -4,\ x = -9$

5 8と9

解説 小さいほうを x とすると，大きいほうは $x+1$ と表せるから，$x^2 + (x+1)^2 = 145$，これを解いて，$x = 8,\ x = -9$
x は自然数だから，$x = -9$ は問題にあわない。
$x = 8$ のとき，連続する2つの自然数は8，9となり，これは問題にあっている。

25 2乗に比例する関数とは？ （本文ページ→61）

基本練習
右の表は，y が x の2乗に比例する関数で，x と y の値の対応のようすを表したものです。次の□にあてはまる数を書きましょう。

x	0	1	2	3	4
y	0	5	20	45	80

(1) x の値が2倍，3倍，4倍，…になると，y の値は $\boxed{4}$ 倍，$\boxed{9}$ 倍，$\boxed{16}$ 倍，…になります。

x の値が n 倍になると，y の値は n^2 倍になる。

(2) 比例定数は $\boxed{5}$ です。

$x \neq 0$ のとき，$\dfrac{y}{x^2}$ の値はどれも5で，この値が比例定数である。

(3) y を x の式で表すと，$y = \boxed{5}\,x^2$ です。

y が x の2乗に比例する関数の式は，$y = $ (比例定数)$\times x^2$

(4) $x = 5$ に対応する y の値は $\boxed{125}$ です。

$y = 5x^2$ に $x = 5$ を代入して，
$y = 5 \times 5^2 = 5 \times 25 = 125$

26 式を求めよう 本文ページ→63

基本練習

次の問いに答えましょう。

(1) y は x の2乗に比例し，$x=4$ のとき $y=8$ です。y を x の式で表しましょう。

y は x の2乗に比例するから，式を $y=ax^2$ とおく。
$x=4$ のとき $y=8$ だから，これを代入して，
$8=a\times 4^2$, $16a=8$, $a=\dfrac{1}{2}$
したがって，$y=\dfrac{1}{2}x^2$

(2) 右の表は，y が x の2乗に比例する関係で，x と y の値の対応のようすの一部を表したものです。ア，イにあてはまる数を求めましょう。

x	-3	-1	2	4
y	-27	ア	-12	イ

y は x の2乗に比例するから，式を $y=ax^2$ とおく。
$x=2$ のとき $y=-12$ だから，$-12=a\times 2^2$, $a=-3$
したがって，式は，$y=-3x^2$
この式に $x=-1$ を代入して，$y=-3\times(-1)^2=-3$ …ア
また，$x=4$ を代入して，$y=-3\times 4^2=-48$ …イ

27 グラフをかこう 本文ページ→65

基本練習

次の関数のグラフをかきましょう。

(1) $y=2x^2$

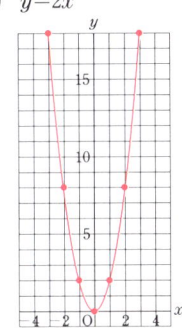

(2) $y=-2x^2$

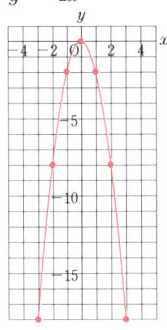

(1)
x	-3	-2	-1	0	1	2	3
y	18	8	2	0	2	8	18

(2)
x	-3	-2	-1	0	1	2	3
y	-18	-8	-2	0	-2	-8	-18

28 グラフからよみとろう 本文ページ→67

基本練習

右の図の(1), (2)のグラフは，y が x の2乗に比例する関数のグラフです。それぞれについて，y を x の式で表しましょう。

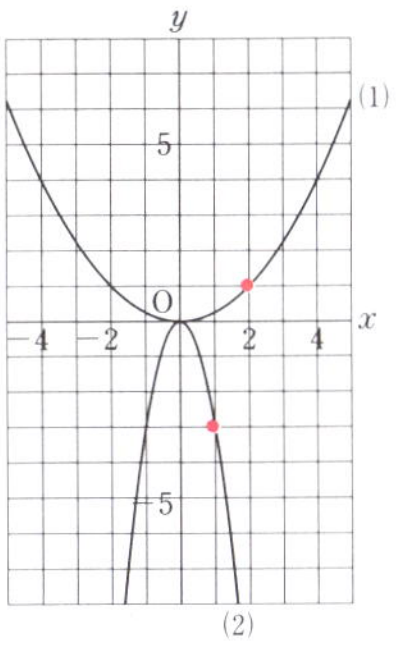

(1) グラフは，点(2, 1)を通るから，この点の座標を $y=ax^2$ に代入すると，
$1=a\times 2^2$, $4a=1$, $a=\dfrac{1}{4}$
したがって，式は，$y=\dfrac{1}{4}x^2$

グラフが通る点は，点(4, 4), (−2, 1), (−4, 4)を選んでもよい。

(2) グラフは，点(1, −3)を通るから，この点の座標を $y=ax^2$ に代入すると，
$-3=a\times 1^2$, $a=-3$
したがって，式は，$y=-3x^2$

グラフが通る点は，点(−1, −3)を選んでもよい。

29 変域を求めよう 本文ページ→69

基本練習

関数 $y=-\dfrac{1}{2}x^2$ で，x の変域が次のようなとき，y の変域を求めましょう。

(1) $2\leq x\leq 4$

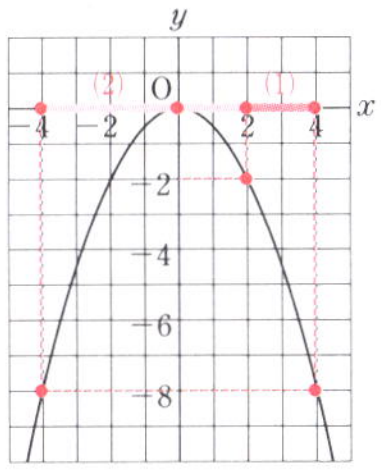

グラフで，$2\leq x\leq 4$ に対応する y の値を調べると，
$x=2$ のとき，y は最大値 -2
$x=4$ のとき，y は最小値 -8
をとります。
これより，y の変域は，
$-8\leq y\leq -2$

(2) $-4\leq x\leq 2$

グラフで，$-4\leq x\leq 2$ に対応する y の値を調べると，
$x=0$ のとき，y は最大値 0
$x=-4$ のとき，y は最小値 -8
をとります。
これより，y の変域は，
$-8\leq y\leq 0$

←$x=2$ のときの y の値 -2 を最大値としないように注意。

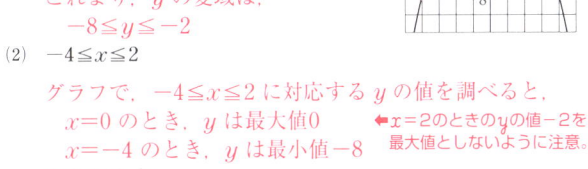

30 変化の割合を求めよう

本文ページ → 71

基本練習

関数 $y=2x^2$ で，x の値が次のように増加するときの変化の割合を求めましょう。

(1) 1 から 4 まで
 x の増加量は，$4-1=3$
 y の増加量は，$2\times 4^2 - 2\times 1^2 = 32-2 = 30$
 したがって，変化の割合は，$\dfrac{30}{3}=10$

 1つの式で表すと，次のように計算できる。
 $\dfrac{2\times 4^2 - 2\times 1^2}{4-1}=\dfrac{32-2}{3}=\dfrac{30}{3}=10$

(2) -5 から -3 まで
 x の増加量は，$-3-(-5)=-3+5=2$
 y の増加量は，$2\times(-3)^2 - 2\times(-5)^2 = 18-50 = -32$
 したがって，変化の割合は，$-\dfrac{32}{2}=-16$

 1つの式で表すと，次のように計算できる。
 $\dfrac{2\times(-3)^2 - 2\times(-5)^2}{-3-(-5)}=\dfrac{18-50}{2}=-\dfrac{32}{2}=-16$

復習テスト 4章 関数 $y=ax^2$

本文ページ → 74〜75

1 イ，エ

2 (1) $y=4x^2$ (2) $y=-3$

3 (1) （グラフ） (2) （グラフ）

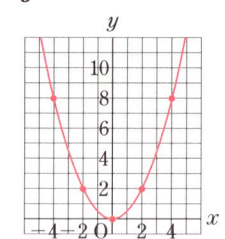

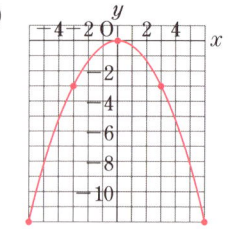

4 (1) $-18 \leqq y \leqq 0$ (2) -12

 解説 (1) $x=0$ のとき，y は最大値 0，$x=3$ のとき，y は最小値 -18 をとる。
 (2) $\dfrac{-2\times 5^2 -(-2)\times 1^2}{5-1}=\dfrac{-50+2}{4}=-\dfrac{48}{4}=-12$

5 (1) A$(-3, -9)$，B$(2, -4)$
 (2) $a=-1$
 (3) 15

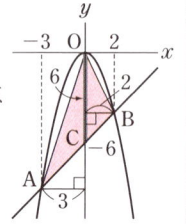

 解説 (3) 直線 $y=x-6$ と y 軸との交点を C とすると，
 $\triangle OAB = \triangle OAC + \triangle OBC$
 $= \dfrac{1}{2}\times 6\times 3 + \dfrac{1}{2}\times 6\times 2 = 15$

---

31 相似とは？

本文ページ → 77

基本練習

右の図で，$\triangle ABC$ と $\triangle DEF$ は相似です。次の問いに答えましょう。

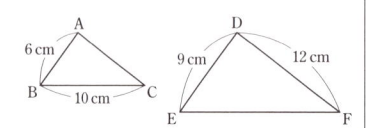

(1) $\triangle ABC$ と $\triangle DEF$ の相似比を求めましょう。
 辺 AB に対応する辺は辺 DE だから，
 AB：DE$=6:9=2:3$ より，相似比は $2:3$

(2) 辺 EF の長さは何 cm ですか。
 BC：EF$=2:3$ より，
 $10:$EF$=2:3$，$30=2$EF，EF$=15$cm

(3) 辺 AC の長さは何 cm ですか。
 AC：DF$=2:3$ より，
 AC：$12=2:3$，3AC$=24$，AC$=8$cm

---

32 三角形が相似になるためには

本文ページ → 79

基本練習

下の図で，相似な三角形の組を選び，記号で答えましょう。また，そのときに使った三角形の相似条件も書きましょう。

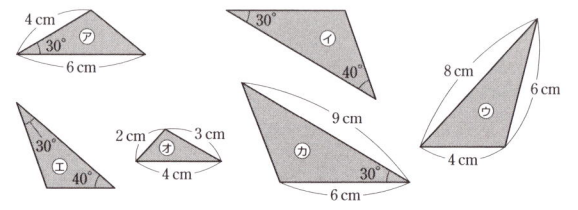

相似な三角形	三角形の相似条件
⑦ と ⑰	2組の辺の比とその間の角がそれぞれ等しい。
⑦ と ⑨	2組の角がそれぞれ等しい。
⑦ と ⑩	3組の辺の比が等しい。

33 三角形の相似を証明しよう 本文ページ→81

基本練習

右の図で，点Oは線分ACとBDの交点です。
△AOD∽△COB であることを証明します。
次の____にあてはまるものを書きましょう。

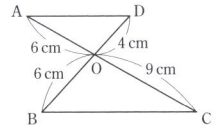

（証明）

____△AOD____ と ____△COB____ において，

AO：CO＝6：__9__ ＝__2：3__

DO：BO＝__4__ ：6＝__2：3__

よって，AO：CO＝__DO：BO__ ……①

__対頂角__ は等しいから，

__∠AOD__ ＝ __∠COB__ ……②

①，②から，__2組の辺の比とその間の角__ がそれぞれ
等しいので，__△AOD∽△COB__

34 平行線と比 本文ページ→83

基本練習

次の図で，DE∥BC です。x，y の値を求めましょう。

(1)

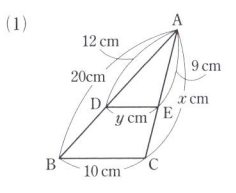

AD：AB＝AE：AC
12：20＝9：x
12x＝180
x＝15
AD：AB＝DE：BC
12：20＝y：10
120＝20y
y＝6

(2)

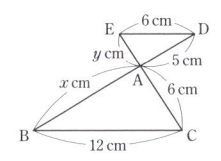

図のように，点 D, E が辺 AB, AC の延長上にあっても，AD：AB＝AE：AC＝DE：BC が成り立つ。

AD：AB＝DE：BC
5：x＝6：12
60＝6x
x＝10
AE：AC＝DE：BC
y：6＝6：12
12y＝36
y＝3

35 中点連結定理とは？ 本文ページ→85

基本練習

右の図の△ABC で，点 D, E, F はそれぞれ辺 AB, BC, CA の中点です。次の問いに答えましょう。

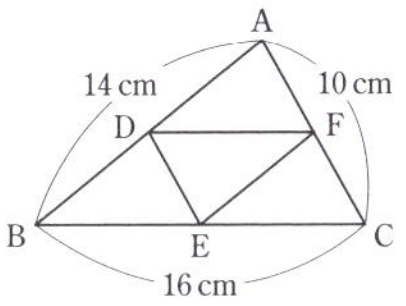

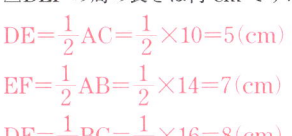

(1) △DEF の周の長さは何 cm ですか。

DE＝$\frac{1}{2}$AC＝$\frac{1}{2}$×10＝5(cm)

EF＝$\frac{1}{2}$AB＝$\frac{1}{2}$×14＝7(cm)

DF＝$\frac{1}{2}$BC＝$\frac{1}{2}$×16＝8(cm)

よって，DE＋EF＋DF＝5＋7＋8＝20(cm)

(2) ∠ABC と等しい角をすべて答えましょう。

DF∥BC で，同位角は等しい
から，∠ABC＝∠ADF
FE∥AB で，同位角は等しい
から，∠ABC＝∠FEC
DF∥BC で，錯角は等しいから，∠FEC＝∠EFD
よって，
∠ADF，∠FEC，∠EFD

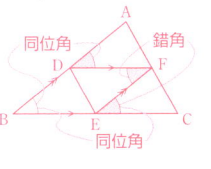

36 三平方の定理とは？ 本文ページ→91

基本練習

次の図の直角三角形で，xの値を求めましょう。

(1)

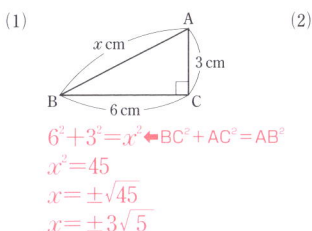

$6^2+3^2=x^2$ ←BC²＋AC²＝AB²
$x^2=45$
$x=\pm\sqrt{45}$
$x=\pm 3\sqrt{5}$
$x>0$ だから，$x=3\sqrt{5}$

(2)

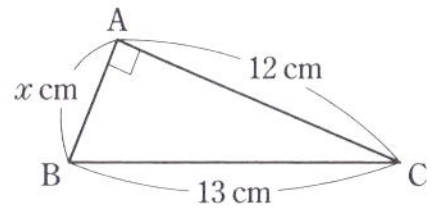

$x^2+12^2=13^2$ ←AB²＋AC²＝BC²
$x^2=25$
$x=\pm 5$
$x>0$ だから，$x=5$

(3)

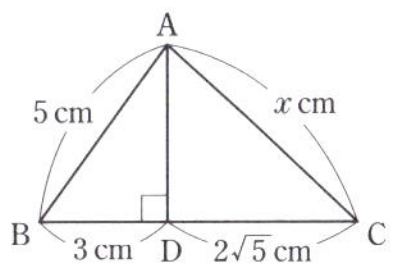

△ABD で，$3^2+AD^2=5^2$
　　　　　　AD²＝16
AD＞0 だから，AD＝4
△ADC で，$4^2+(2\sqrt{5})^2=x^2$
　　　　　　$x^2=36$
$x>0$ だから，$x=6$

37 直角三角形になるためには 本文ページ→93

基本練習

次の長さをそれぞれ3辺とする三角形で，直角三角形はどれですか。
㋐ 2cm, 4cm, $\sqrt{6}$cm
㋑ 3cm, $\sqrt{3}$cm, $\sqrt{5}$cm
㋒ 3cm, 4cm, $\sqrt{7}$cm

㋐ $a=2, b=\sqrt{6}, c=4$ とすると， ←いちばん長い辺は4cm
$a^2+b^2=2^2+(\sqrt{6})^2=4+6=10$
$c^2=4^2=16$
$a^2+b^2=c^2$ が成り立たないから，直角三角形ではない。

㋑ $a=\sqrt{3}, b=\sqrt{5}, c=3$ とすると， ←いちばん長い辺は3cm
$a^2+b^2=(\sqrt{3})^2+(\sqrt{5})^2=3+5=8$
$c^2=3^2=9$
$a^2+b^2=c^2$ が成り立たないから，直角三角形ではない。

㋒ $a=3, b=\sqrt{7}, c=4$ とすると， ←いちばん長い辺は4cm
$a^2+b^2=3^2+(\sqrt{7})^2=9+7=16$
$c^2=4^2=16$
$a^2+b^2=c^2$ が成り立つから，直角三角形である。
よって，直角三角形は㋒

38 平面図形と三平方の定理 本文ページ→95

基本練習

次の長さを求めましょう。

(1) 長方形 ABCD の対角線 BD
△ABD は直角三角形だから，
$AB^2+AD^2=BD^2$
BD=$x$cm とすると，
$x^2=8^2+15^2=64+225=289$ ←慣れてきたら，xに置きかえないで $BD^2=8^2+15^2$ としてもよい。
$x>0$ だから，$x=17$
よって，BD=17cm △ABDの3辺の比は8:15:17
（本冊91ページのステップアップを見よう。）

(2) 二等辺三角形 ABC の高さ AH
△ABH は直角三角形だから，
$AH^2+BH^2=AB^2$
BH=8÷2=4(cm)
AH=$h$cm とすると，
$h^2=6^2-4^2=36-16=20$
（hに置きかえないで，直接，$AH^2=6^2-4^2$ としてもよい。）
$h>0$ だから，$h=\sqrt{20}=2\sqrt{5}$
よって，AH=$2\sqrt{5}$cm

39 空間図形と三平方の定理 本文ページ→97

基本練習

次の長さを求めます。□にあてはまる数を書きましょう。

(1) 円錐の高さ AO
BO=$\frac{1}{2}$×$\boxed{6}$=$\boxed{3}$ (cm)
$AO^2=\boxed{5}^2-\boxed{3}^2=\boxed{16}$
AO=$\boxed{4}$ (cm)

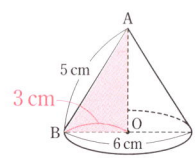

(2) 正四角錐の高さ OH
$AC^2=\boxed{4}^2+\boxed{4}^2=\boxed{32}$
AC=$\boxed{4\sqrt{2}}$ (cm) AB:BC:AC=1:1:$\sqrt{2}$ より，AC=$4\sqrt{2}$と求めてもよい。
AH=$\frac{1}{2}$×$\boxed{4\sqrt{2}}$=$\boxed{2\sqrt{2}}$ (cm)
$OH^2=\boxed{6}^2-(\boxed{2\sqrt{2}})^2=\boxed{28}$
OH=$\boxed{2\sqrt{7}}$ (cm)

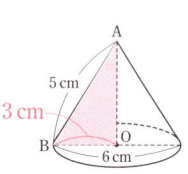

復習テスト 5章 図形の性質 本文ページ→100～101

1 (1) $x=9, y=8$ (2) $x=4, y=3$

2 (1) 4 cm (2) 6 cm

解説 (2) △CED で，中点連結定理より，
GF=$\frac{1}{2}$DE=$\frac{1}{2}$×4=2(cm)
よって，BG=BF－GF=8－2=6(cm)

3 (1) 40°
(2) （証明） △ABE と△ADC において，
AE は∠BAC の二等分線だから，
∠BAE＝∠DAC ……①
$\stackrel{\frown}{AB}$ に対する円周角は等しいから，
∠AEB＝∠ACD ……②
①，②から，2組の角がそれぞれ等しいので，
△ABE∽△ADC

4 (1) 15 cm (2) $10\sqrt{6}$ cm^2

5 (1) $6\sqrt{2}$ cm (2) $3\sqrt{7}$ cm (3) $36\sqrt{7}$ cm^3

解説 (1) 1辺が 6 cm の正方形の対角線の長さです。
(2) △OAH は直角三角形だから，三平方の定理より，
OH=$\sqrt{OA^2-AH^2}$=$\sqrt{9^2-(3\sqrt{2})^2}$
=$\sqrt{81-18}$=$\sqrt{63}$=$3\sqrt{7}$ (cm)
(3) $\frac{1}{3}$×6×6×$3\sqrt{7}$=$36\sqrt{7}$ (cm^3)

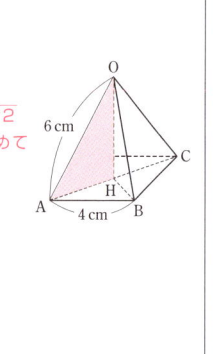